"十三五"规划精品课程"电脑图文设计"配套教材
高等教育应用型人才"十三五"系列教材
高等教育应用型人才数字媒体类专业系列教材

U0210418

Photoshop CC 图文设计案例教程

阮春燕　主　编

胡秋芬　于宁宁　副主编

电子工业出版社
Publishing House of Electronics Industry
北京·BEIJING

内容介绍

本书是一本基于 Photoshop CC 的平面设计的教程，书中不但介绍了平面设计的基本知识，还介绍了如何使用 Photoshop CC 进行典型项目设计的技巧。本书以简洁有序、深入浅出的方式向读者介绍了 Photoshop CC 在进行平面设计时的强大功能。在介绍 Photoshop 使用技术时，不同于一般的教科书按其工具菜单逐项介绍，而是以任务驱动，紧紧围绕任务所需功能介绍相关技术，更具针对性。同时也是平面设计师的经验总结，富有借鉴性。

本书以理论够用，突出实践，强调创意为指导原则编写，体现了"实训"特征，强调了应用性和可操作性。主要分为两个篇章：技术篇和实战篇。技术篇主要介绍电脑图文设计相关基础知识，Photoshop 的抠图技术、色彩色调调整技术、图像合成技术、路径适量图绘制技术、通道技术。在实战篇中以平面设计的典型应用为主线，介绍了标志设计、广告文字设计、海报设计、封面设计、包装设计、网页效果图设计六大类平面设计应用的精彩实用案例。

本书结构清晰、由易到难、案例精美实用、分解详细，文字叙述通俗易懂，与实践结合非常密切。在介绍 Photoshop 各项功能的后面都为读者提供了练一练环节，在每一章学习结束后，为读者提供了举一反三的案例。在介绍实践案例时，在典型案例与素材的选取上，改变了以往软件教材用例散漫和随意的状况，案例的讲解与 Photoshop 中的各种功能紧密结合，具有很强的实用性和较高的技术含量。案例分解为创意分析、创意的表达、创意实现三个层面，并在光盘赠送了所有案例的素材、源文件和效果文件。

本书适合作为本科和高职院校媒体类专业课程的教材，也可以供 Photoshop 的初学者及有一定平面设计经验的读者阅读，同时适合培训班选作平面设计课程的教材。

图书在版编目（CIP）数据

Photoshop CC图文设计案例教程 / 阮春燕主编 . — 北京：电子工业出版社，2017.2

ISBN 978-7-121-30865-9

Ⅰ.①P…　Ⅱ.①阮…　Ⅲ.①图象处理软件-高等学校-教材　Ⅳ.①TP391.413

中国版本图书馆CIP数据核字（2017）第019846号

策划编辑：贺志洪

责任编辑：贺志洪

特约编辑：杨　丽　徐　堃

印　　刷：北京虎彩文化传播有限公司

装　　订：北京虎彩文化传播有限公司

出版发行：电子工业出版社

　　　　　北京市海淀区万寿路173信箱　邮编100036

开　　本：787×1092　1/16　　印张：15　字数：378千字

版　　次：2017年2月第1版

印　　次：2023年 7月第11次印刷

定　　价：57.00元

凡所购买电子工业出版社图书有缺损问题，请向购买书店调换。若书店售缺，请与本社发行部联系，联系及邮购电话：（010）88254888，88258888。

质量投诉请发邮件至 zlts@phei.com.cn，盗版侵权举报请发邮件至 dbqq@phei.com.cn。

本书咨询联系方式：（010）88254609 或 hzh@phei.com.cn。

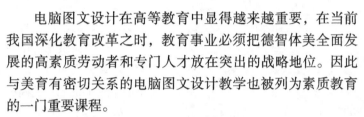

前　言

电脑图文设计在高等教育中显得越来越重要，在当前我国深化教育改革之时，教育事业必须把德智体美全面发展的高素质劳动者和专门人才放在突出的战略地位。因此与美育有密切关系的电脑图文设计教学也被列为素质教育的一门重要课程。

Photoshop 作为 Adobe 公司旗下最著名的图像处理软件，是我们进行平面设计主要工具，深受广大艺术设计人员和电脑美术爱好者喜爱。

本书内容编写特点：

1. 围绕技术讲解工具

在介绍 Photoshop 使用技术时，不同于一般的教科书按其工具菜单逐项介绍，而是以任务驱动，紧紧围绕任务所需功能介绍相关技术，更具实用性。

2. 内容精选、有针对性

本书以理论够用，突出实践，强调创意为指导原则编写，体现了"实训"特征，强调了应用性和可操作性。

3. 案例精美、实用

本书的案例均经过精心挑选，确保例子实用的基础上精美、漂亮，一方面熏陶读者的美感，一方面让读者在学习中享受美的世界。

4. 编写思路符合学习习惯

本书在讲解过程中采用了"知识点＋理论实践＋实例练习＋技术拓展＋技巧提示"的模式，符合轻松学习的规律。

本书显著特色：

1. 经过五年教学实践，内容更具代表性

本书作为本校学生的教材编写，在前后经过五年 5 轮教学实践，参考用人单位的反馈要求，不断精练内容得到，所选的内容更符合高校学生的学习习惯和用人单位对毕业生的要求。

2. 资深讲师编著，让图书的质量更有保证

作者系资深的高校教师和经验丰富的行业人员，确保图书"实用"和"好学"。

3. 大量中小实例，通过多动手加深理解

讲解深入浅出，极为详细，中小实例达 90 多个，为的是让读者深入理解，灵活应用。

4. 多种商业案例，让实战成为终极目标

实战篇中给出不同类型的综合应用案例，以便积累实战经验，为工作就业铺路搭桥。

通过本书的学习使学生能够在掌握软件功能和制作技巧的基础上，启发设计灵感，开拓设计思路，提高设计能力。本书提供每课的练习素材、源文件、效果图，可到华信教育资源网（www.hxedu.com.cn）免费下载或向编辑（hzh@phei.com.cn）索取。

本书共 12 章节，其中第 1、2、3、7、8 、12 章为阮春燕老师编写，第 4、5、6、11 章为胡秋芬老师编写，第 9、10 章为于宁宁老师编写，本书的编写过程中受到了何海翔院长的大力支持，在此一并表示感谢。由于作者水平有限，疏漏甚至错误之处在所难免，不当之处，敬请同行们批评指正。

阮春燕

2017-1-8

于绍兴

目录

Contents

技术篇

实践篇

技术篇

Photoshop CC

图文设计案例教程

第1章 平面设计相关知识

本章学习要点：

- 掌握颜色模式的分类与切换方法
- 了解色域与溢色
- 了解位图与矢量图
- 了解像素与分辨率
- 了解印刷相关知识

1.1 色彩相关知识

色彩作为事物最显著的外貌特征，能够首先引起人们的关注。色彩也是平面作品的灵魂，是设计师进行设计时最活跃的元素。它不仅为设计增添了变化和情趣，还增加了设计的空间感。如同文字能向我们传达信息一样，色彩提供的信息更多。记住色彩具有的象征意义是非常重要的，例如红色往往让人联想起火焰，因而使人觉得温暖并充满力量，颜色会影响作品的情趣和人们的回应程度。

1.1.1 色与光的关系

我们生活在一个多彩的世界里。白天，在阳光的照耀下，各种色彩争奇斗艳，变化无穷。但在漆黑的夜晚或暗处，不但看不见物体的颜色，连物体的外形也分辨不清。可见，没有光就没有色，光是色的源泉，色是光的表现。

由于光的存在并通过其他媒介的传播，反映到我们的视觉之中，我们才能看到色彩。光是一种电磁波，有着极宽广的波长范围，人的眼睛可以感知的电磁波波长一般在400~700nm，因此这一范围的电磁波也被称为可见光。光可分出红、橙、黄、绿、青、蓝、紫的色光，如图 1-1 所示。

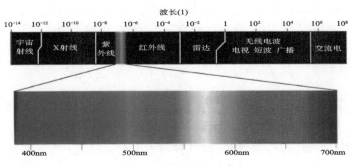

图 1-1 不同波长的光

1.1.2 光源色、物体色、固有色

1. 光源色

同一物体在不同的光源下将呈现出不同的色彩，例如，在红光照射下的白纸呈红色，绿光照射下呈绿色。因此，光源色光谱的变化，必然对物体色产生影响。

图 1-2　不同光源下同一物品

2. 物体色

光线照射到物体上以后，会产生吸收、反射、透射等现象。而且，各种物体都具有选择性地吸收、反射、透射色光的特性。以物体对光的作用而言，大体可分为不透光和透光两类。通常称之为不透明物体和透明物体。不透明物体的颜色是由它所反射的色光决定的；透明物体的颜色是由它所透过的色光决定的。

图 1-3　物体色

3. 固有色

由于每一种物体对各种波长的光都具有选择性地吸收、反射、透射的特殊功能，所以它们在相同条件下（如光源、距离、环境等因素），就具有相对不变的色彩差别。人们习惯把白色阳光下物体呈现的色彩效果称为物体的"固有色"。严格地说，所谓的固有色应是指"物体固有的物理属性"在常态光源下产生的色彩。

图 1-4　固有色

1.1.3 色彩构成

1. 色光三原色

红、绿、蓝被称为色光三原色。两两混合可得到更亮的中间色——yellow（黄）、cyan（青）、magenta（品红，或者洋红、紫红），3 种等量组合可得到白色。补色是指完全不含另

一种颜色的颜色。例如，红和绿混合成黄色，因为完全不含蓝色，所以黄色的补色是蓝色。两种等量补色混合也形成白色，如图 1-5 所示。

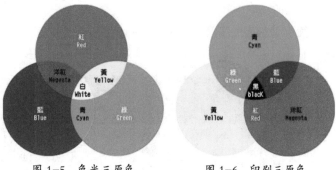

图 1-5　色光三原色　　　图 1-6　印刷三原色

2. 印刷三原色

我们看到的印刷色，实际上是纸张反射的光线。颜料是吸收光线，不是光线的叠加，因此颜料的三原色就是能够吸收 RGB 三原色的颜色，即青、品红、黄（CMY），它们就是 RGB 的补色。例如，将黄色颜料和青色颜色混合起来，因为黄色颜料吸收蓝光，青色颜料吸收红光，只有绿光反射出来，这就是黄色颜料加青色颜料形成绿色的道理，如图 1-6 所示。

1.1.4　色彩的三属性

色彩的三属性，即色相、明度、纯度。

1. 色相

颜色的相貌，用于区别颜色的种类。色相只与颜色的波长有关，当某颜色的明度、纯度变化时，其波长不会变，即色相不变，如图 1-7 所示。

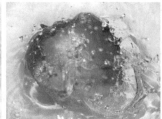

图 1-7　色相不同的物品

2. 明度

色彩的明暗程度，亦即深浅差别，也称为"亮度"。色彩的明度差别包括两方面：一是指某一色相的深浅变化，如粉红、大红、深红都是红，但一种比一种深；二是指不同色相存在的明度差别，如六标准色中黄最浅，紫最深，橙和绿、红和蓝处于相近的明度之间，如图 1-8 所示。

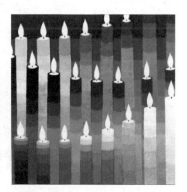

图 1-8　明度推移

3. 纯度

纯度是指各色彩中包含的单种标准色成分的多少。纯色色感强，即色度强，所以纯度也是色彩感觉强弱的标志。例如，非常纯粹的蓝、蓝色、较灰的蓝，如图 1-9 所示。

图1-9 纯度推移

1.1.5 色彩的混合

色彩的混合有加色混合、减色混合和中性混合 3 种形式。

1. 加色混合

在对已知光源的研究过程中，人们发现色光的三原色与色料的三原色有所不同，色光的三原色为红（略带橙味）、绿、蓝（略带紫味）。而色光三原色混合的间色（红紫、黄、绿青）相当于色料的三原色。当两种以上的色光混合在一起时，明度提高，混合色的明度相当于参与混合的各色明度之和，故称之为加色混合，也叫色光混合。三原色色光混合具有的规则，如图 1-10 所示。

2. 减色混合

将色料混合在一起，使之呈现另一种颜色效果，这种方法就是减色混合法。色料的三原色分别是品红、青和黄色。一般三原色色料的颜色本身就不够纯正，所以混合以后的色彩也不是标准的红、绿、蓝色。三原色色料的混合具有的规则，如图 1-11 所示。

红光＋绿光＝黄光　　　　　　青色＋品红色＝蓝色
红光＋蓝光＝品红光　　　　　　青色＋黄色＝绿色
蓝光＋绿光＝青光　　　　　　品红色＋黄色＝红色
红光＋绿光＋蓝光＝白光　　　　品红色＋黄色＋青色＝黑色

图1-10　加色法　　　　　　　　　　　图1-11　减色法

3. 中性混合

中性混合是指混合色彩既没有提高，也没有降低的色彩混合。中性混合分为色盘旋转混合（简称旋转混合）与空间视觉混合（简称空间混合）两种。

（1）旋转混合

在圆形转盘上贴上两种或多种色纸，并使圆盘快速旋转，即可产生色彩混合的现象，我们称之为旋转混合。例如，把红、绿色料均匀地涂在圆盘上，然后旋转圆盘，即可使其呈现黄金色，如图 1-12 所示。

（2）空间混合

空间混合是指将两种以上颜色并置在一起，当它们在视网膜上的投影小到一定程度时，这些不同的颜色刺激就会同时作用到视网膜上非常接近部位的感光细胞，以致眼

图 1-12　旋转混合　　　图 1-13　空间混合

睛很难将它们独立地分辨出来，就会在视觉中产生色彩的混合，这种混合称空间混合，又称并置混合，如图 1-13 所示。

1.1.6　色彩空间

色彩空间是指某种显示设备所能表现的各种色彩的集合。色彩空间越广阔，能显示的色彩种类就越多，色域范围也就越大，如图 1-14 所示。

许多人都知道在绘画时可以使用红色、黄色和蓝色这 3 种原色生成不同的颜色，这些颜色就定义了一个色彩空间。我们将品红色的量定义为 X 轴，青色的量定义为 Y 轴，黄色的量定义为 Z 轴，这样就得到了一个三维空间，每种可能的颜色在这个三维空间中都有一个唯一的位置。

CMYK 和 RGB 是两种不同的色彩空间，CMYK 是印机和打印机等输出设备上常用的色彩空间；而 RGB 则又被细分为 Adobe RGB、Apple RGB、ColorMatch RGB、CIE RGB 和 sRGB 等多种不同的色彩空间。其中 Apple RGB 是苹果公司的苹果显示器默认的色彩空间，普遍应用于平面设计及印刷的照排；CIE RGB 是国际色彩组织制定的色彩空间标准。对数码相机来说，以 Adobe RGB 和 sRGB 这两种色彩空间最为常见。

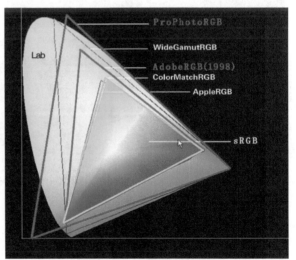

图 1-14　色彩空间示意图

1.1.7　用色的原则

色彩是视觉最敏感的东西。色彩的直接心理效应来自于色彩的物理光刺激对人的心理产生的影响。一幅优秀的作品最吸引人的地方就是来自于色差对人们感观的刺激。当然，平面设计作品通常是由很多种颜色组成的，优秀的作品离不开合理的色彩搭配。丰富的颜色能够使作品看起来更吸引人，但是一定要把握住"少而精"原则，即颜色搭配尽量要少，这样画面才不会显得杂乱。当然特殊情况除外，如要表现绚丽缤纷、丰富等效果时，色彩就需要多一些。一般来说，一幅图像中色彩不宜太多，不宜超过 5 种。

技术拓展：

基本配色理论，如图 1-15 所示。

105	101	98

无色设计

不用彩色，只用黑、
白、灰色。

92	88	73

类比设计

在色相环上任选三个
连续的色彩或其任一
明色和暗色。

4	68

冲突设计

把一个颜色和它补色
左边或右边的色彩配
合起来。

92	44

互补设计

使用色相环上全然相
反的颜色。

81	85	88

单色设计

把一个颜色和任一个
或它所有的明、暗色
配合起来。

17	32	26

中性设计

加入一个颜色的补色
或黑色使它色彩消失
或中性化。

20	57	73

分裂补色设计

把一个颜色和它补色
任一边的颜色组合起
来。

4	36	68

原色设计

把纯原色红、黄、蓝
色结合起来。

53	86	20

二次色设计

把二次色绿、紫、橙
色结合起来。

57	28	95

三次色三色设计

三次色三色设计是下
面二个组合中的一个，
红橙、黄绿、蓝紫色
或是蓝绿，黄橙、红
紫色，并且在色相环
上每个颜色彼此都有
相等的距离。

图 1-15　色彩设计示例

1.2 图像的颜色模式

1.2.1 位图模式

位图模式只有纯黑和纯白两种颜色，适合制作艺术样式或用于创作单色图形。彩色图像转换为该模式后，色相和饱和度信息都会被删除，只保留亮度信息。只有灰度和双色调模式才能够转换为位图模式。

打开一个 RGB 模式的彩色图像，如图 1-16 所示，执行"图像"→"模式"→"灰度"命令，先将它转换为灰度模式，再执行"图像"→"模式"→"位图"命令，打开"位图"对话框，如图 1-17 所示。在"输出"选项组中设置图像的输出分辨率，然后在"方法"选项组中选择一种转换方法，包括"50% 阈值""图案仿色""扩散仿色""半调网屏"和"自定图案"。

图 1-16 原图

图 1-17 "位图"对话框灰度模式

技术拓展：

在"位图"对话框中可以看到转换位图的方法有5种。

50%阈值：将50%色调作为分界点，灰色值高于中间色阶128的像素转换为白色，灰色值低于色阶128的像素转换为黑色，如图 1-18所示。

图案仿色：用黑白点图案模拟色调，如图 1-19所示。

扩散仿色 ：通过使用从图像左上角开始的误差扩散过程来转换图像，由于转换过程的误差原因，会产生颗粒状的纹理，如图 1-20所示。

半调网屏：可模拟平面印刷中使用的半调网点外观，如图 1-21所示。

自定图案：可选择一种图案来模拟图像中的色调。

图 1-18 50%阈值

图 1-19 图案仿色

图 1-20 扩散仿色

图 1-21 半调网屏

1.2.2 灰度模式

灰度模式的图像不包含颜色，彩色图像转换为该模式后，色彩信息都会被删除。灰度图像中的每个像素都有一个 0 到 255 之间的亮度值，0 代表黑色，255 代表白色，其他值代表了黑、白中间过渡的灰色。在 8 位图像中最多有 256 级灰度，在 16 位和 32 位图像中，图像中的级数比 8 位图像要大得多。

1.2.3 双色调模式

双色调模式采用一组曲线来设置各种颜色的油墨，可以得到比单一通道更多的色调层次，能在打印中表现更多的细节。双色调模式还可以为三种或四种油墨颜色制版。图 1-22、图 1-23 所示分别为双色调和三色调效果。

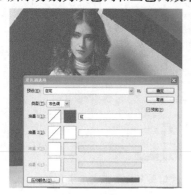

图 1-22 双色调

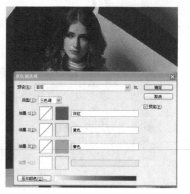

图 1-23 三色调

1. 预设

可以选择一个预设的调整文件。

2. 类型

在下拉列表中可以选择"单色调""双色调""三色调"或"四色调"。单色调是用非黑色的单一油墨打印的灰度图像；双色调、三色调和四色调分别是用两种、三种和四种油墨打印的灰度图像。选样之后，单击各个油墨颜色块可以打开"颜色库"对话框设置油墨颜色，如图 1-24 所示。

3. 编辑油墨颜色

选择"单色调"时，只能编辑一种油墨，选择"四色调"时，可以编辑全部的 4 种油墨。单击"油墨"选项右侧的曲线，可以打开"双色调曲线"对话框如图 1-25 所示。调整曲线可以改变油墨的百分比。单击"油墨"选项右侧的颜色块，可以打开"颜色库"对话框选择油墨。

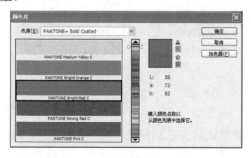

图 1-24 "颜色库"对话框

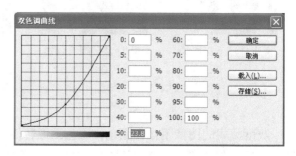

图 1-25 "双色调曲线"对话框

4. 压印颜色

压印颜色是指相互打印在对方之上的两种无网屏油墨。单击该按钮可以在打开的"压印颜色"对话框中设置压印颜色在屏幕上的外观。

提示：只用灰度图像才能转换为双色调模式。

1.2.4 索引颜色

使用 256 种或更少的颜色替代全彩图像中上百万种颜色的过程叫做索引。Photoshop 会构建一个颜色查找表 (GLUT)，存放图像中的颜色。如果原图像中的某种颜色没有出现在该表中，则程序会选取最接近的一种，或使用仿色以现有颜色来模拟该颜色。索引模式是 GIF 文件默认的颜色模式。图 1-26 所示为 "索引颜色" 对话框。

1. 调板

可以选择转换为索引颜色后使用的调板类型，它决定了使用哪些颜色。如果选择 "平均分布" "可感知" "可选择" 或 "随样性"，可通过输入 "颜色" 值指定要显示的实际颜色数量（多达 256 种)。

2. 强制

可以选择将某些颜色强制包括在颜色表中的选项。选择 "黑白"，可将纯黑色和纯白色添加到颜色表中；选择 "原色"，可添加红色、绿色、蓝色、青色、洋红、黄色、黑色和白色；选择 "Web"，可添加 216 种 Web 安全色；选择 "自定"，则允许定义要添加的自定颜色。图 1-27 所示的是设置 "颜色" 为 9，"强制" 为 "黑白" 构建的颜色表及图像效果。

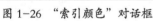

图 1-26 "索引颜色" 对话框   图1-27 颜色表

3. 杂边

"杂色" 选项用于指定填充与图像的透明区域相邻的、消除锯齿边缘的背景色。

4. 仿色

在下拉列表中可以选择是否使用仿色。如果要模拟颜色表中没有的颜色，可以采用仿色。仿色会混合现有颜色的像素，以模拟缺少的颜色。要使用仿色，可在该选项下拉列表中选择 "仿色" 选项，并输入仿色 "数量" 的百分比值，该值越高，所仿颜色越多，但可能会增加文件占用的存储空间。

1.2.5 RGB颜色模式

RGB 是一种加色混合模式，它通过红、绿、蓝 3 种原色光混合的方式来显示颜色。如图

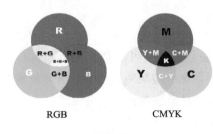

RGB CMYK

图1-28

1-28 所示，计算机显示器、扫描仪、数码相机、电视、幻灯片、网络、多媒体等都采用这种模式。在 24 位图像中，每一种颜色都有 256 种亮度值，因此，RGB 颜色模式可以重现 1670 万种颜色 (256×256×256)。

提 示：在 Photoshop 中，除非有特殊的要求，RGB 都是首选颜色模式。在这种模式下可以使用所有 Photoshop 工具和命令，而其他模式则会受到限制。

1.2.6 CMYK颜色模式

CMYK 是一种减色混合模式，如图 1-28 所示。它是指本身不能发光，但能吸收一部分光，并将余下的光反射出去的色料混合，印刷用油墨、染料、绘画颜料等都属于减色混合。

CMYK 常用于商业印刷的一种四色印刷模式。它的色域 (颜色范围) 要比 RGB 模式小，只有制作要用印刷色打印的图像时，才使用该模式。此外，在 CMYK 模式下，有许多滤镜都不能使用。

CMYK 颜色模式中，C 代表青、M 代表品红、Y 代表黄、K 代表黑色。在 CMYK 模式下，可以为每个像素的每种印刷油墨指定一个百分比值。

提 示：我们编辑 RGB 模式图像时，如果想要预览它的打印效果 (CMYK 预览效果)。可以执行"视图"→"校样颜色"命令打开电子校样。

1.2.7 Lab颜色模式

Lab 模式是 Photoshop 进行颜色模式转换时使用的中间模式。例如，将 RGB 图像转换为 CMYK 模式时，Photoshop 会先将其转换为 Lab 模式，再由 Lab 模式转换为 CMYK 模式。因此，Lab 模式的色域最宽，它涵盖了 RGB 模式和 CMYK 模式的色域。

在 Lab 颜色模式中，L 代表了亮度分量，它的范围为 0 ～ 100；a 代表了由绿色到红色的光谱变化；b 代表了蓝色到黄色的光谱变化。颜色分 a 和 b 的取位范围均为 +127 ～ -128。

Lab 模式在照片调色中有着非常特别的优势，我们处理明度通道时，可以在不影响色相和饱和度的情况下轻松修改图像的明暗信息；处理 a 和 b 通道时，则可以在不影响色调的情况下修改颜色，如图 1-29 和图 1-30 所示。

图1-29 a通道

图1-30 b通道

1.2.8 多通道模式

多通道模式是一种减色模式，将 RGB 图像转换为该模式后，可以得到青色、洋红和黄色通道。此外，如果删除 RGB、CMYK、Lab 模式的某个颜色通道，图像会自动转换为多通道模式，如图 1–31 所示为删除红通道后图像自动转换为多通道模式。在多通道模式下，每个通道都使用 256 级灰度。进行特殊打印时，多通道图像十分有用。

图 1–31　删除红通道后自动转换为多通道模式

1.2.9 位深度

位深度也称为像素深度或色深度，即多少位 / 像素，它是显示器、数码相机、扫描仪等使用的术语。Photoshop 使用位深度来存储文件中每个颜色通道的颜色信息。存储的位越多，图像中包含的颜色和色调差就越大。

打开一个图像文件后，可以在"图像 / 模式"下拉菜单中选择 8 位 / 通道、16 位 / 通道、32 位 / 通道命令，改变图像的位深度。

1. 8 位 / 通道

位深度为 8 位，每个通道可支持 256 种颜色，图像可以有 1600 万个以上的颜色值。

2. 16 位 / 通道

位深度为 16 位，每个通道可以包含高达 65000 种颜色信息。无论是通过扫描得到的 16 位 / 通道文件，还是数码相机拍摄得到的 16 位 / 通道的 Raw 文件，都包含了比 8 位 / 通道文件更多的颜色信息，因此色彩渐变更加平滑、色调也更加丰富。

3. 32 位通道

32 位 / 通道的图像也称为高动态范围 (HDR) 图像，文件的颜色和色调更胜于 16 位 / 通道文件。用户可以有选择地对部分图像进行动态范围的扩展，而不至于丢失其他区域的可打印和可显示的色调。目前，HDR 图像主要用于影片、特殊效果、3D 作品及某些高端图片。

1.3 溢色

显示器的色域（RGB 模式）要比打印机（CMYK 摸式）的色域广，因此，我们在显示器上看到或调出的颜色有可能打印不出来，那些不能被打印机准确输出的颜色称为"溢色"。当把鼠标放在溢色区时，"信息"面板中的 CMYK 值旁会出现一个感叹号，如图 1-32 所示。

当用户选择了一种溢色时，在"拾色器"对话框和"颜色"面板中都会出现一个"溢色警告"的三角形感叹号 ⚠，同时色块中会显示与当前所选颜色最接近的 CMYK 颜色，单击三角形感叹号 ⚠ 即可选定色块中的颜色，如图 1-33 所示。

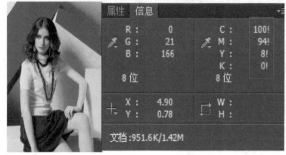

图 1-32 "信息"面板中溢色提示　　　　　　图 1-33 颜色面板中溢色警告

1. 查找溢色区域

执行"视图"→"色域警告"命令，图像中溢色的区域将被高亮显示出来，默认显示为灰色。在制作需要印刷的图像时，应尽量开启色域警告，以免出现印刷颜色失真的问题，如图 1-34 所示。

原图　　　　　　　　开启色域警告　　　　　　　　校样颜色

图 1-34 查找溢色区域

2. 自定义色域警告颜色

默认的"色域警告"颜色为灰色。当图像颜色与默认的色域警告颜色相近时，可通过更改色域警告颜色的方法来查找溢色的区域。执行"编辑"→"首选项"→"透明度与色域"命令，打开"首选项"对话框。在"色域警告"选项组下修改"颜色"即可，如图 1-35 所示。

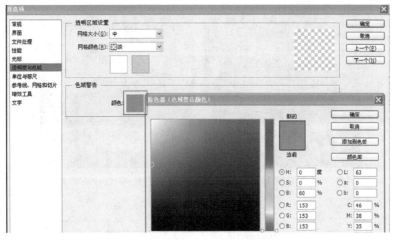

图 1-35 "首选项"对话框中"色域警告"下修改颜色

1.4 位图与矢量图

1.4.1 位图

位图图像在技术上称为栅格图像，它是由像素 (Pixel) 组成的，每个像素都被分配一个特定的位置和颜色，我们在 Photoshop 中处理图像时，编辑的就是像素。打开一个图像文件，使用缩放工具在图像上连续单击，直至工具中间的"+"号消失，画面中会出现许多彩色的小方块，它们便是像素，如图 1-36 所示。

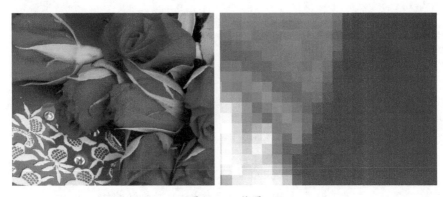

图 1-36 位图

我们用数码相机拍摄的照片、扫描仪扫描的图片，以及在计算机屏幕上抓取的图像等都属于位图。位图的特点是可以表现色彩的变化和颜色的细微过渡，产生逼真的效果，并且很容易在不同的软件之间交换使用。但在保存时，需要记录每一个像素的位置和颜色值。因此，位图占用的存储空间也比较大。

另外，由于受到分辨率的制约，位图包含固定数量的像素，在对其缩放或旋转时，Photoshop 无法生成新的像素，它只能将原有的像素变大以填充多出的空间，产生的结果往往会使清晰的图像变得模糊，也就是我们通常所说的图像变虚了。例如，图 1-37 所示为原始图像和将其放大 5 倍后的局部图像，我们可以看到图像细节已经变得模糊了。

（a）原始图像　　　　　（b）放大5倍后的局部图像

图 1-37　位图放大

　　提示：位图与分辨率有关，也就是说，位图包含了固定数量的像素，缩小或放大位图尺寸会使原图变形，因为这是通过减少像素来使整个图像变小或变大的。因此，如果在屏幕上以高缩放比对位图进行缩放或以低于创建时的分辨率来打印位图，则会丢失其中的细节，并且会出现锯齿现象。

1.4.2　矢量图

　　矢量图是图形软件通过数学的向量方式进行计算得到的图形，它与分辨率没有直接关系，因此，可以对其进行任意缩放和旋转操作而不会影响图形的清晰度和光滑性。图 1-38 所示为一幅矢量插画和将图形放大 600% 后的局部效果。我们可以看到，图形仍然光滑、清晰。矢量图的这一特点非常适合制作图标、Logo 等需要经常缩放，或者按照不同打印尺寸输出的文件内容。

（a）矢量插画　　　（b）放大600%后的局部效果

图 1-38　矢量图

答疑解惑：
　　—— 矢量图主要应用在哪些领域？

　　矢量图在设计中应用得比较广泛。例如常见的室外大型喷绘，为了保证放大数倍后的喷绘质量，又要在设备能够承受的尺寸内进行制作，使用矢量软件进行制作就非常合适。另一种是网络中比较常见的Flash动画，因其独特的视觉效果以及较小的空间占用量而广受欢迎。

1.5 像素与分辨率

通常情况下，我们所说的在 Photoshop 中进行图像处理是指对位图进行修饰、合成及校色等操作。在 Photoshop 中，图像的尺寸及清晰度是由其像素与分辨率决定的。

1. 像素

像素是构成位图的最基本单位。通常情况下，一张普通的数码照片必然有连续的色相和明暗过渡。如果把数字图像放大数倍，则会发现这些连续色调是由许多色彩相近的小方点组成的，这些小方点就是构成图像的最小单位"像素"，如图 1-36 所示。

构成一幅图像的像素点越多，色彩信息越丰富，效果就越好，当然文件所占的空间也就更大。在位图中，像素的大小是指沿图像的宽度和高度测量出的像素数目。如图 1-39 中的 3 幅图像的像素大小分别为 1000 像素 ×667 像素、600 像素 ×400 像素、400 像素 ×276 像素。

1000像素×667像素　　　　600像素×400像素　　　400像素×276像素

图 1-39　像素示例

2. 分辨率

分辨率是指单位长度内包含的像素点的数量，它的单位通常为像素 / 英寸（ppi），如 72ppi 表示每英寸包含 72 个像素点，300ppi 表示每英寸包含 300 个像素点。分辨率决定了位图细节的精细程度。通常情况下，分辨率越高，包含的像素就越多，图像就越清晰。图 1-40 所示为相同打印尺寸但不同分辨率的两幅图像，可以看到，低分辨率的图像有些模糊，高分辨率的图像则十分清晰，即左侧的图像分辨率要明显低于右侧图像。

（a）低分辨率　　　　　　（b）高分辨率

图 1-40　分辨率不同的同一图像

1.6 版式相关知识

版式即版面格式，具体指的是开本、版心和周围空白的尺寸，正文的字体、字号、排版形，字数、排列地位，还有目录和标题、注释、表格、图注、标点符号、书眉、页码以及版面装饰等项的排法。版式设计是平面设计的重要组成部分，我们经常在不知不觉中运用着版式。强调版面艺术性不仅是对观者阅读需要的满足，也是对其审美需要的满足。版式设计是一个调动文字字体、图形图像、线条和色块等诸多因素，根据特定内容的需要将它们有机地结合起来的编排过程，是一种直觉性、创造性的活动。在版式设计中，需要运用造型要素及形式原理，把构思与计划以视觉形式表现出来，也就是寻求艺术手段来正确地表现版面信息。其设计范围包括传统的书籍、期刊、报纸，以及现代信息社会中一切视觉传达与广告传达领域的版面设计，示例如图 1-41 所示。

（a）　　　　　　　　　　（b）　　　　　　　　　　（c）

图 1-41　版面设计示例

1.6.1 布局

布局是版式设计的核心，体现了整体设计思路。其种类繁多，主要包括骨骼型、满版型、分割型、倾斜型、中轴型、曲线型、中间型等。

- 骨骼型：规范的理性的分割方法。常见骨骼型布局有竖向通栏、双栏、三栏和四栏等，一般以竖向通栏居多，如图 1-42 所示。
- 满版型：满版型以图像为主，图像充满整个面板，直观而强烈地传达目的。文字通常旋转放置在上下、左右或中部和中心的图像上，如图 1-43、图 1-44 所示。
- 分割型：整个版面分成上下或左右两部分，一部分配置图像，另一部分则配置文字，如图 1-45 所示。
- 倾斜型：版面主体形象或多幅图像进行倾斜编排，造成版面强烈的动感和不稳效果，引人注目，如图 1-46、图 1-47 所示。
- 中轴型：将图像在水平或垂直方向上排列，文字配置在上下或左右，如图 1-48 所示。
- 曲线型：图片和文字排列成曲线，产生韵律与节奏的感觉，如图 1-49 所示。
- 中间型：具有多种概念及形式，如直接以独立而轮廓分明的形象占据版面焦点；颜色和搭配的手法使主题突出明确；向外扩散的运动，从而产生视觉焦点；视觉元素向版面中心做聚拢运动，如图 1-50 所示。

图 1-42　骨骼型　　　　　图 1-43　满版型（1）　　　　图 1-44　满版型（2）

图 1-45　分割型　　　　　图 1-46　倾斜型（1）　　　　图 1-47　倾斜型（2）

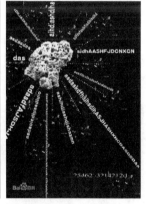

图 1-48　中轴型　　　　　图 1-49　曲线型　　　　　图 1-50　中间型

1.6.2 文字

　　文字在版面中占有重要的位置。文字本身的变化及文字的编排、组合，对版面来说极为重要。文字不仅能够提供一定的信息，也是视觉传达最直接的方式。

　　在版式设计中运用好文字，首先要掌握的是字体、字号、字距、行距，其中字体更是重中之重。字体是文字的表现形式，具有不同的特性。例如，不同的字体给人的视觉感受和心理感受不同，这就说明字体具有强烈的情感、性格。选择准确的字体，有助于主题内容的表达。美的字体可以使读者感到愉悦，帮助阅读和理解。

　　（1）文字类型：文字类型比较多，如印刷字体、装饰字体、书法字体、英文字体等，如图 1-51 ～图 1-54 所示。

（2）文字大小：文字大小在版式设计中起着非常重要的作用，例如大的文字或大的首字母文字会有非常大的吸引力，常用在广告杂志、包装等设计中，如图 1-55、图 1-56 所示。

图 1-51　卡通字　　　　　　图 1-52　毛绒字　　　　　　图 1-53　饼干字

图 1-54　装饰字　　　图 1-55　大字体的运用（1）　　图 1-56　大字体的运用（2）

1.6.3　图片

当一幅画面中同时含有图片和文字时，我们第一眼看到的一定会是图片，其次才会是文字等。当然，一幅图像中可能有一个或多个图片。大小、数量、位置的不同，会产生不同的视觉冲击效果，如图 1-57～图 1-59 所示。

图 1-57　图的运用　　　　图 1-58　大图的运用　　　图 1-59　特写图的运用

1.6.4　图形

版面中的图形，广义地说，一切含有图形元素的并与信息传播有关的形式，以及一切被平面设计所运用、借鉴的形式，都可以称之为图形。例如，绘画、插图、图片、图案、图表、标志、摄影、文字等。狭义地讲，图形就是可视的"图画"。图形是平面设计中非常重要的元素，在视觉传达体系中不可或缺。

1. 图形的形状

图形的形状是指图形在版面上的总体轮廓，也可以理解为图形内部的形象。在版面中，图形的形状主要分为规则形和不规则形，如图1-60～图1-62所示。

图1-60　圆形的应用　　　　图1-61　六边形的应用　　　　图1-62　不规则图形的应用

2. 图形的数量和面积

一般学术性或者文学性的刊物版面上图形较少，普及性、新闻性的刊物图形较多。图形的数量并不是随意的，一般要由版面的内容来决定，并需要精心安排，如图1-63、图1-64所示。

图1-63　图形数量变化（1）　　　　　　图1-64　图形数量变化（2）

3. 图形的位置

对于图形的位置，必须在版面中主次得当地穿插编排，才能在对比中产生丰富的层次感，如图1-65、图1-66所示。

图1-65　图形变化位置（1）　　　　　　图1-66　图形变化位置（2）

1.6.5　点线面

1.　点在版面上的构成

点具有形状、方向、大小、位置等属性。通过对点进行不同的排列与组合，能够带给人们不同的心理感应。点具有点缀和活跃画面的作用，还可以组合起来成为一种肌理或其他要素来衬托画面主体，如图 1-67、图 1-68 所示。

图 1-67　点衬托画面主体　　　　　　　　　　图 1-68　点缀和活跃画面

2.　线在版面上的构成

线游离于点与形之间，其有位置、长度、宽度、方向、形状和性格。直线和曲线是决定版面形象的基本要素。每种线都有自己独特的个性与情感，将各种不同的线运用到版面设计中，可以实现多种不同的效果，如图 1-69、图 1-70 所示。

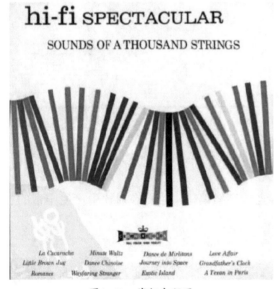

图1-69　线组合版面　　　　　　　　　　　　图 1-70　线分割版面

3.　面在版面上的构成

面在空间上占有的面积最多，因而在视觉上要比点、线来得强烈、实在，具有鲜明的个性特征。在整个基本视觉要素中，面的视觉影响力最大。在排版设计时要把握相互间整体的和谐，才能实现极具美感的视觉形式，如图 1-71、图 1-72 所示。

图 1-71　面和谐版面

图 1-72　面衬托主题

1.7 印刷的相关知识

1.7.1 印刷流程

印刷品的生产，一般要经过原稿的选择或设计、原版制作、印版晒制、印刷、印后加工 5 个工艺过程。也就是说，首先选择或设计适合印刷的原稿，然后对原稿的图文信息进行处理，制作出供晒版或雕刻印版的原版 (一般叫阳图或阴图底片)，再用原版制出供印刷用的印版。最后把印版安装在印刷机上，利用输墨系统将油墨涂敷在印版表面，由压力机械加压，油墨便从印版转移到承印物上。如此复制的大量印张，经印后加工，便成了适应各种使用目的的成品。现在，人们常常把原稿的设计、图文信息处理、制版统称为印前处理，而把印版上的油墨向承印物上转移的过程叫做印刷，印刷后期的工作则一般是指印品的后加工，包括裁切、覆膜、模切、装订、装裱等，多用于宣传类和包装类印刷品。这样一来，一件印刷品的完成就需要经过印前处理、印刷、印后加工等过程。

1.7.2 什么是四色印刷

印刷中经常会提到"四色印刷"这个概念，这是因为印刷品中的颜色都是由 CMYK4 种颜色构成的。也就是说，成千上万种不同的色彩都是由这几种色彩根据不同比例叠加、调配而成的。通常我们所接触的印刷品，如书籍杂志、宣传画等，是按照四色叠印而成的。在印刷过程中，承印物（纸张）在印刷过程中经历了 4 次印刷，印刷一次黑色、一次洋红色、一次青色、一次黄色。完毕后 4 种颜色叠合在一起，就构成了画面上的各种颜色，如图 1-73 所示。

图1-73　四色印刷示意图

1.7.3 什么是印刷色

印刷色就是由 C（青）、M（洋红）、Y（黄）和 K（黑）4 种颜色以不同的百分比组成的颜色。C、M、Y、K 就是通常所说的印刷四原色。C、M、Y 几乎可以合成所有的颜色，但由其合成的黑色是不纯的，而印刷时需要更纯的黑色，因此还要加入黑色 K，在印刷时这 4 种颜色都有自己的色版，在色版上记录了这种颜色的网点，把 4 种色版合到一起就形成了所定义的原色。事实上，纸张上 4 种印刷颜色的网点并不是完全重合的，只是离得很近，在人眼中呈现为各种颜色的混合效果，于是产生了各种不同的原色。

1.7.4 什么是分色

印刷所用的电子文件必须是四色文件（即 CMYK），其他颜色模式的不能用于印刷输出，这就需要进行分色。分色是一个印刷专业名词，指的就是将原稿的各种颜色分解为黄、洋红、青、黑 4 种颜色。在平面设计中，分色工作就是将扫描的图像或其他来源的图像颜色模式转换为 CMYK 模式。在 Photoshop 中，只需要把图像颜色模式由 RGB 模式转换为 CMYK 模式即可。

（a）RGB颜色模式　　（b）CMYK颜色模式

图 1-74　RGB与CMYK比较

将 RGB 颜色模式转换为 CMYK 颜色模式时，图像上一些鲜艳的颜色会产生明显的变化。这种变化有时能够很明显地看到，一般会由鲜艳的颜色变成较暗一些的颜色。这是因为 RGB 的色域比 CMYK 的色域大，也就是说有些在 RGB 颜色模式下能够表示的颜色在转换为 CMYK 后，就超出了 CMYK 所能表达的颜色范围，于是只能用相近的颜色来替代。在制作用于印刷的电子文件时，建议最初的文件设置即为 CMYK 模式，避免使用 RGB 颜色模式，以免在分色转换时造成颜色偏差。如图 1-74 所示为 RGB 模式与 CMYK 模式的对比效果。

1.7.5 什么是专色印刷

专色是指在印刷时，不是通过印刷 C、M、Y、K 四色合成这种颜色，而是专门用一种特定的油墨来印刷该颜色。油墨是由印刷厂预先混合好或油墨厂生产的。对于印刷品的每一种专色，在印刷时都有专门的一个色版与之相对应，使用它可使颜色更准确。尽管在计算机上不能准确地表示颜色，但通过标准颜色匹配系统的预印色样卡（如 Pantone 彩色匹配系统就创建了很详细的色样卡），能看到该颜色在纸张上的准确颜色。例如，在印刷时金色和银色是按专色来处理的，即用金墨和银墨来印刷，故其菲林（即印刷制版中的底片）也应是专色菲林，单独出一张菲林片，单独晒版印刷，如图 1-75 和图 1-76 所示。

图1-75　金色印刷色　　　　　　　　　　图1-76　银色印刷色

1.7.6 什么是出血

出血又叫出血位，其作用主要是保护成品裁切，防止因切多了纸张或折页而丢失内容，出现白边，如图 1-77 所示。

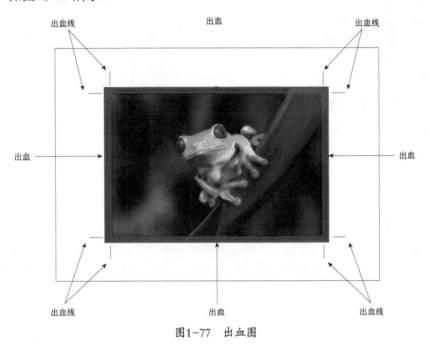

图1-77 出血图

1.7.7 套印、压印、叠印、陷印

1. 套印

套印指多色印刷时要求各色版图案印刷时重叠套准。

2. 压印和叠印

两者是一个意思，即一个色块叠印在另一个色块上。不过印刷时特别要注意黑色文字在彩色图像上的叠印，不要将黑色文字底下的图案镂空，不然印刷套印不准时黑色文字会露出白边。

3. 陷印

陷印也叫补漏白，又称为扩缩，主要是为了弥补因印刷套印不准而造成相邻的不同颜色之间的漏白，如图 1-78 所示。

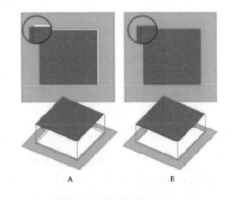

图 1-78 陷印示意图

1.7.8 拼版与合开

在实际工作中，有时需要制作一些并不是正规开数的印刷品，如包装盒、小卡片等，

为了节约成本，在拼版时应注意尽可能把成品放在合适的纸张开度范围内，如图1-79、图1-80所示。

图1-79 拼版（1）

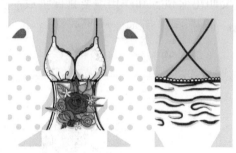

图1-80 拼版（2）

1.7.9 纸张的基础知识

1. 纸张的构成

印刷纸张由纤维、填料、胶料、色料4种主要原料混合制浆、抄造而成。印刷使用的纸张按形式可分为平板纸和卷筒纸两大类，平板纸适用于一般印刷机，卷筒纸一般用于高速轮转印刷机。

2. 印刷常用纸张

纸张根据用处的不同，可以分为工业用纸、包装用纸、生活用纸、文化用纸等几类。在印刷用纸中，根据纸张的性能和特点分为新闻纸、铜版纸、胶版纸、凸版纸、画报纸、周报纸、白板纸、书面纸等，如图1-81所示。

（a）新闻纸　　　　　（b）铜版纸　　　　　（c）胶版纸　　　　　（d）凸版纸

图1-81 印刷用纸

3. 版式规格

版式规格是印刷对象的页面规格或大小，通常是将一张全开的纸张平分裁剪成不同规格的多个页面，而所剪裁的张数就是该纸张的尺寸规格，不同的尺寸规格可应用到不同的领域，在实际选择时需要根据版面内容选择合适的尺寸。

版式的尺寸规格是以全开的纸张进行平分裁剪成不同规格的页面。在常规的印刷纸张中，全开的纸张版面可分为两种：一种是正度纸张，尺寸大小是1092mm×787mm；另一种是大度纸张，尺寸大小是1194mm×889mm。将全开纸张对折裁剪后，可获得6种不同的尺寸规格，如图1-82中的A版和B版所示。在选择尺寸规格时，可将对象的内容特点作为参考，选择适合设计对象的版式规格，便于印刷出版的书籍、报刊等作品的翻阅、携带与传递。

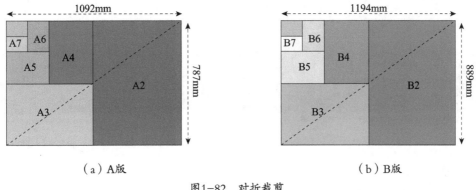

（a）A版　　　　　　　　　　　（b）B版

图1-82　对折裁剪

4. 纸张的重量、令数换算

纸张的重量可用定量或令重来表示，一般以定量来表示，即我们日常俗称的"克重"。定量是指纸张单位面积的质量关系，用 g/m^2 表示。例如：150g 的纸是指该种纸每平方米的单张重量为 150g。凡纸张的重量在 $200g/m^2$ 以下（含 $200g/m^2$）的纸张称为"纸"，超过 $200g/m^2$ 重量的纸则称为"纸板"。

【本章小结】

本章主要介绍色彩平面设计相关知识，主要包括色彩的知识、图像的颜色模式、色域与溢色、位图与矢量图、像素与分辨率、版式相关知识、印刷相关知识。

通过本章学习，应掌握色彩基本的认识，基本配色理论。掌握 Photoshop 的主要颜色模式，RGB 颜色模式是进行图像处理时最常用的一种模式，也是我们显示器所用颜色模式；CMYK 颜色模式是印刷模式，CMYK 颜色模式包含的颜色总数比 RGB 模式少很多，容易出现"溢色"。在制作需要印刷的图像时，应尽量开启色域警告。

掌握位图与矢量图的区别，掌握位图由像素所组成，适合表现大量的图像细节，变形时会产生失真。矢量图则使用直线和曲线来描述图形，变形时都不会失真；位图主要用于表现细节的海报等印刷品的设计中，而矢量图形主要用于插图、文字和可以自由缩放的徽标等图形。

掌握像素与分辨率间的关系，几种类型作品分辨率设置原则：即电脑显示 72dpi，报纸印刷品 150dpi，印刷品 300dpi。

掌握四色套印技术，常见设计版型和常用纸张。

【课后练习】

● 在色彩学中，请描述明度对比、色相对比、饱和度对比的定义，并举出 3 例说明其用途。

● 简述 Photoshop 中的图像模式分类及其特点。

第 2 章　抠图技巧

本章学习要点：

- 掌握基于选区的抠图方法——选框工具
- 掌握基于颜色的抠图方法——套索工具、魔棒工具、色彩范围命令、调整边缘命令
- 掌握基于擦除的抠图方法——橡皮擦工具
- 掌握高级抠图方法——通道、钢笔工具

无论是平面广告合成还是后期处理，在制作过程中，常常需要用到抠图技术。在一幅精美的平面艺术作品中，图片抠取的精致与否将直接影响到图像整体的美观度。

2.1　基本抠图工具

2.1.1　选框工具抠取

对于形状十分规则的图像，如矩形、椭圆等可直接使用选框工具完成。在处理时，可打开网格进行精确定位，另外在拖动选区时按 Alt 功能键能从对象的中心点开始选择，按住 Shift 键可选择长宽比为 1 : 1 的图形，两者可同时使用。如图 2-1 中的气球的形状为规则的椭圆，可以使用椭圆选框工具配合选区变形（"选择"菜单下的"变换选区"命令）来抠取。

图 2-1　选框工具抠图

功能解析： 创建选区的基本模式

- ◆ 选区的基本调整是通过选区工具属性栏上的"编辑"按钮组 ▣▣▣▣ 来实现的。下面介绍按钮的不同功能和应用。
- ◆ "新选区" ▣：表示选择新的选区。
- ◆ "添加到选区" ▣：可以连续选择选区，将新的选择区域添加到原来的选择区域中。
- ◆ "从选择区域减去" ▣：选择的是从原来的选择区域中减去新的选择区域的部分。

◆ "与选区相交" ▣：选择的是新的选择区域和原来的选择区域相交的部分。

相应的快捷操作如下：

◆ 按住Shift键选择区域时，可在原区域上增加新的区域。

◆ 按住Alt键选择区域时，可在原区域上减去新选区域。

◆ 同时按住Shift和Alt键选择区域时，可取得与原选择区域相交的部分。

练一练：使用选框工具抠图合成太空景象，如图 2-2 所示。

图2-2 利用选框工具抠图合成太空景象

2.1.2 多边形套索工具抠图

建筑物的边缘一般较为硬朗和明确，适合使用多边形套索工具进行抠取。在抠取的过程中需要注意选区的闭合问题，所以在使用工具的时候最好小区域逐步进行操作。如图 2-3 所示的建筑物的边缘基本呈直线走向，使用多边形套索工具抠图最为简单。

图2-3 多边形套索工具抠图

练一练：使用多边形套索工具为大楼换天空背景，如图 2-4 所示。

图2-4 利用多边形套索工具为大楼换天空背景

2.2 智能抠图

2.2.1 磁性套索工具

由于需要抠取的图像边缘清晰，所以我们在进行此类图像的抠取时，为了节省时间通常会使用磁性套索工具进行抠取，然后将反选选区删除，以得到要抠取的图像，如图 2-5 中的木马，由于其色彩鲜艳边缘清晰且形状不规则，采用磁性套索工具最为合适。

图 2-5 磁性套索工具抠图

功能解析：磁性套索工具

要轻松掌握磁性套索工具的应用，还必须对该工具的属性栏进行详细了解。通过对该属性栏（见图2-6）的了解，能够使我们的操作过程变得更轻松自如。

图2-6 "磁性套索工具"属性栏

①"选区编辑"按钮组：从左至右分别是"新选区"、"添加选区"、"从选区中减去"及"选区交叉"按钮。

②"羽化"文本框：用于设置在创建选区后，选区的羽化数值，取值范围为0～250。其值越大，其羽化程度越大，边缘越模糊，反之亦然。

③"消除锯齿"复选框：勾选该复选框，可以使创建的选区边缘更加平滑，便于填色、描边等操作。

④"宽度"文本框：用于设置与边的距离，在文本框中输入数值，取值范围为1～256。

⑤"对比度"文本框：用于设置边缘对比度，在文本框中输入数值，取值范围为1%～100%。

⑥"频率"文本框：用于设置锚点添加到路径中的密度，在文本框中输入数位，取值范围为0～100，值越大，其锚点密度就越大；值越小，其锚点密度就越小。

⑦"绘图板压力"按钮：用于更改钢笔宽度。

练一练：使用磁性套索工具合成旅游宣传海报，如图 2-7 所示。

图2-7 利用磁性套索工具合成旅游宣传海报

2.2.2 魔棒工具

当我们在对颜色分明的图像进行抠取处理时，一般会使用魔棒工具进行抠取，这样不仅能够节省时间，而且效果往往出乎意料的好。在使用魔棒工具时注意魔棒工具参数的灵活使用。"魔棒工具"属性栏如图 2-8 所示。

图2-8 "魔棒工具"属性栏

①容差：设计选取颜色范围的近似程度，数值越小，选取的范围越小。

②消除锯齿：使选区边缘平滑。

③连续：勾选时，只能选择邻近区域中的相同像素，反之，则选中图中符合像素要求的所有区域。

④对所有图层取样：若未勾选则只对当前图层有效，若勾选则对所有图层有效。

图 2-9 中在容差设置为 50，使用添加选区模式，选择所有蓝天部分，再利用"选择"→"反向"命令（快捷键 Shift+Ctrl+I）进行反向选择，可以很方便地将雕抠取出来。

（a）

（b）

图 2-9 魔棒工具抠图

功能解析： 智能选区的创建工具

　　用魔棒工具在一些背景较为单一的图像中能快速创建选区。在快速选择工具中单击"魔棒工具"，在其属性栏中设置适当的容差值，然后将光标移动到需要创建选区的图像中，当光标变为魔棒形状时单击即可快速创建选区。

　　练一练：使用魔棒工具为女孩换背景，如图 2-10 所示。

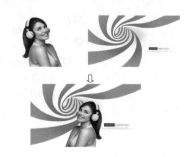

图2-10　使用魔棒工具为女孩换背景

2.2.3 快速选择工具

　　快速选择工具常用来快速建立简单的选区。它利用可调整的圆形笔尖迅速地绘制出选区。当拖曳笔尖时，选取范围不但会向外扩张，而且还可以自动寻找并沿着图像的边缘来描绘边界。快速选择工具属性栏如图 2-11 所示。

图2-11　快速选择工具属性栏

　　①创建选区模式：从左到右依次为新选区、添加到选区、从选区中减去。

　　②画笔选择器：设置画笔的大小、硬度、间距、角度及圆度。在绘制时可按 [键和] 键减小和增大画笔。

　　③对所有图层取样：若选中该复选框，Photoshop 会根据所有的图层建立选区范围，而不仅是只针对当前图层。

　　④自动增加：降低选区范围边界的粗糙度与区块感。

　　⑤调整边缘：使用调整边缘工具对选区边缘进行平滑、羽化、对比度等优化处理。

　　图 2-12 所示为使用快速选择工具抠图效果。

图2-12　快速选择工具抠图

练一练：使用快速选择工具合成公益海报，如图 2-13 所示。

提示：先使用快速选择工具选出大树的主体，再用调整边缘工具调整大树的树冠边缘。

图2-13　使用快速选择工具合成公益海报

2.2.4　擦除类抠图

擦除类抠图工具主要包括：橡皮擦、背景橡皮擦、魔术橡皮擦工具，用于擦除相似颜色。如图 2-14 中的背景颜色相似，可用魔术橡皮擦工具擦除人像背景。

图 2-14　擦除类示例抠图

功能解析：背景橡皮擦工具命令

背景橡皮擦工具与橡皮擦工具不同，其画笔是中心带一个十字准星圆形。中心的十字准星，用于涂抹时颜色取样。"背景橡皮擦工具"属性栏如图 2-15 所示。

图2-15　"背景橡皮擦工具"属性栏

- 画笔大小：设置画笔大小。
- 取样连续：选择取样连续涂抹图片时，准星就会随画笔移动不断沿着移动轨迹进行颜色取样，取样所有的颜色就会被橡皮擦清除。
- 取样一次：选择取样一次涂抹图片时，按下鼠标左键就对准星所在的位置取样一次，只要不放开鼠标左键，涂抹只会清除取样所得的一种颜色。
- 取样背景色板：单击后准星就没有作用了，涂抹时只会清除工具箱中"背景色"的内容。

- 抹除的限制模式："不连续"（抹除出现在画笔下面任何位置的样本颜色）、"连续"（抹除包含样本颜色并且相互连接的区域）和"查找边缘"（抹除包含样本颜色的连接区域，同时更好地保留形状边缘的锐化程度）。
- "保护前景色"选项：用于清除背景时保护前景色不被清除。

练一练：使用魔术橡皮擦为听音乐的小女孩换背景，如图2-16所示。

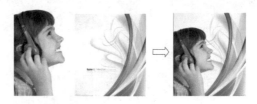

图2-16　使用魔术橡皮擦为听音乐的小女孩换背景

2.2.5　色彩范围命令

"选择/色彩范围"命令用于在图像窗口中指定颜色来定义选区，并可通过指定其他颜色来增加或减少活动选区。在默认情况下，在"色彩范围"对话框中，选区部分呈白色显示。图2-17所示水滴部分用色彩范围命令能很好取得抠图效果。

功能解析：　"色彩范围"命令

"色彩范围"命令选择现有选区或整个图像内指定的颜色或色彩范围。如果想替换选区，在应用此命令前应确保已取消选择所有内容。若要细调现有的选区，可重复使用"色彩范围"命令选择颜色的子集。下面简要介绍"色彩范围"对话框（见图2-18）中各选项。

1. "选择"下拉列表

从"选择"下拉列表中可以选择以下选项。

图 2-17　色彩范围命令抠图

图2-18　"色彩范围"对话框

- 肤色：用于选择与普通肤色类似的颜色。可启用"检测人脸"，以进行更准确的肤色选择。
- 取样颜色：用于用吸管工具，并从图像中选取示例颜色。如果正在图像中选择多个颜色范围，则可选择"本地化颜色簇"来构建更加精确的选区。
- 选取一种颜色或色调范围：如果使用此选项，将无法调整选区。如选择红色则选中图中红色部分；如选择高光，则选区为高光部分；如选择溢色，则选中溢色部分。

2.选择显示选项（见图2-19）

- 选择范围：用于预览由于对图像中的颜色进行取样而得到的选区。默认情况下，白色区域是选定的像素，黑色区域是未选定的像素，而灰色区域则是部分选定的像素。
- 图像：预览整个图像。例如，您可能需要从不在屏幕上的一部分图像中取样。

提示：对于取样颜色，将吸管指针放在图像或预览区域上，然后单击以对要包含的颜色进行取样。

- "颜色容差"：可以控制选择范围内色彩范围的广度，并增加或减少部分选定像素的数量（选区预览中的灰色区域）。设置较低的"颜色容差"值可以限制色彩范围，设置较高的"颜色容差"值可以增大色彩范围。

3.选区预览（见图2-20）

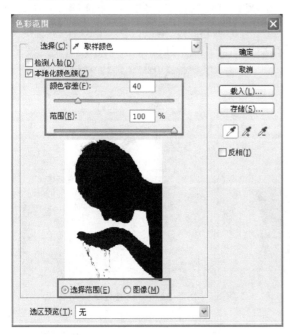

图2-19 选择显示选项

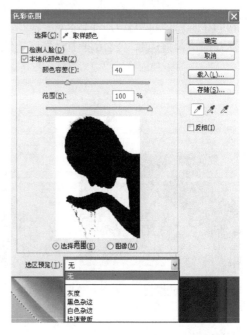

图2-20 选区预览

"选区预览"下拉列表中有以下选项。

- 灰度：对全部选定像素显示白色，对部分选定像素显示灰色，对未选定像素显示黑色。
- 黑色杂边：对选定的像素显示原始图像，对未选定的像素显示黑色。此选项适用于明亮的图像。
- 白色杂边：对选定像素显示原始图像，对未选定的像素显示白色。此选项适用于暗图像。
- 快速蒙版：将未选定的区域显示为宝石红颜色叠加（或在"快速蒙版选项"对话框中指定的自定颜色）。

练一练：使用色彩范围合成珀莱雅广告，如图2-21所示。

图2-21　使用色彩范围合成珀莱雅广告

2.2.6 调整边缘命令

当我们抠取宠物毛发时，蓬松的毛发质感是我们特别要留意保护的，通过"调整边缘"命令可以使抠取的宠物毛发具有蓬松感。在下面的例子，我们先用"图像"→"调整"→"曲线"命令加强图像对比，再用魔棒工具选择背景部分，进行反选后得到小猫主体部分。但此时得到的小猫选区部分，小猫毛发的质感无存，所以最后需使用"选择"→"调整边缘"命令，在打开的"调整边缘"对话框中对选区边缘进行羽化调整，效果如图2-22所示。

图 2-22　"调整边缘"命令抠图

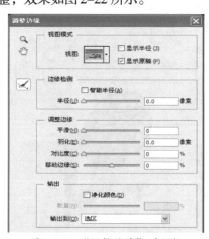

图2-23　"调整边缘"对话框

功能解析：　"调整边缘"命令

调整边缘是专门为选区增加的一个精确调整工具。我们创建选区后，属性栏的"调整边缘"命令会被激活。这个工具在抠图中应用非常广泛，尤其在抠有蓬松毛发图片时，通过一些简单的设置，可以提取图片中细小的发丝，增加抠出图片的细节。

"调整边缘"对话框如图 2-23所示，有4个选项组：视图模式、边缘检测、调整边缘、输出。通过这些设置，可以更为灵活地提取图片局部或整体中想要的细节，部分参数说明如下。

- 半径：其值越大选区边缘越柔和。
- 平滑：减少选区边缘的不规则凸凹区域以创建较平滑的轮廓。取值范围为0～100，对于精细抠图，一般取值2、3，不宜过大。

- 羽化：产生选区与周围的像素之间的过渡效果。取值范围为0～250像素，对于精细抠图，一般取值1。
- 对比度：与羽化功能相反，增加对比度会使柔化边界变得犀利，去除边界模糊的不自然感，取值范围为0～100%。
- 移动边缘：减小或增大边缘的范围。

练一练：使用调整边缘功能为小卷发儿童抠图，如图2-24所示。

图2-24　使用调整边缘功能为小卷发儿童抠图

2.3 飞扬头发抠图——通道

需要快速地抠取人物的发丝，又要保留发丝根根分明的细节，可以通过通道面板进行操作。通过运用对比强烈的通道面板，不仅可以快速进行抠取且能保留发丝的细节。

操作时在通道中选择背景与头发最分明的通道进行复制，在复制出的通道中用图像调整技术尽可能地

图2-25　人物部分设为白色，背景色为黑色

将头发部分调整得与背景有很大反差，最后用选择工具将人物其余要选择部分填充成与头发相同的色调，这样我们就在通道保留了要抠取的精确图像。

挑选背景色和女孩色差差异比较大的绿色通道复制出一个新的"绿 副本"通道。结合"曲线"功能、"反相"功能、"橡皮擦"工具、"选区"工具等在"绿副本"通道中使得最终实现人物部分（图像的选区部分）为白色，背景色为黑色，如图 2-25 所示。

以"绿副本"中的白色人物作为选区，回到RGB通道后，即可在图层中复制出女孩，也可为女孩添加其他背景，通道抠图效果如图 2-26 所示。

（a）复制出女孩

（b）添加其他背景

图 2-26　通道抠图效果

练一练：使用通道抠图。

提示：在抠图过程中，尤其是针对人像头部的抠图，经常会残留一些多余的与前景颜色差异较大的像素，如图 2-27 所示。可用"图层"菜单中的"修边"命令去除这些多余的像素，如图 2-28 所示。

图 2-27　残留像素处理（1）　　　　　　图 2-28　残留像素处理（2）

2.4　路径抠图

当主体与背景没有明显色差或灰度差（如透明的主体），但有清晰的边沿时，用钢笔抠图有很好的效果。钢笔工具既能勾画矢量图，也能画位图。抠图时应该用矢量图，故要选取任务栏中的"路径"图标。仅仅沿着边缘不断地单击鼠标左键，产生的锚点之间以直线相连。但只要锚点足够密，经平滑修正后描出的边沿也很精细。单击边沿时朝前进方向拖动，会产生出双向方向线，由此可画曲线。改变方向线的长短和方向，就能调整曲线的形状，使之与主体边沿吻合。锚点闭合后，产生的是一条闭合路径。单击鼠标右键，在弹出的快捷菜单中选择"建立选区"项，可将路径转化成选区。图 2-29 所示为对主体背景色差不明显的跑车做抠图处理效果。

（a）钢笔工具抠图　　　　　　　　　　（b）添加背景

图 2-29　对主体背景色差不明显的跑车作抠图处理效果

功能解析：　路径与选区

使用 Photoshop 绘制图像时通常会用到路径绘制工具和选区创建工具，其实在实际操作中路径与选区是可以转换的。可以将路径转换为选区，也可以将选区转换为路径。打开一个图像文件后，在图像上创建任意选区，创建完以后单击鼠标右键，在弹出的快捷菜单中选择"建立工作路径"命令打开"建立工作路径"对话框，设置参数值后单击"确定"按钮，即可将创建的选区转换为工作路径。也可以通过单击"从选区生成工作路径"按钮，将选区转换为路径。

练一练：使用钢笔工具抠图，如图2-30所示。

图2-30　使用钢笔工具抠图

【本章小结】

本章主要介绍了基本工具抠图、智能工具抠图、通道抠图和路径抠图等常见的抠图方法。通过本章的学习应能根据图像的自身特点，选择合适的方法抠图。基本原则是能用基本工具和智能工具抠取的尽量使用这两类工具；通道适合抠取半透明对象或缝隙较多较密集的对象；路径工具适合抠取特征不明显的对象。

【课后练习】

利用素材文件夹中的跳出相框效果素材，合成跳出相框特殊效果，如图2-31所示。提示：效果图由三个图层合成，底层为相框后面的人物双脚部分，中间层为相框层，最上层为人物的头部和双手部分。

图2-31　练习图

第 3 章 色彩和色调

本章学习要点：

- 掌握矫正问题图像的方法
- 熟练掌握常用调整命令
- 掌握多种风格化调色技巧

在一张图像中，色彩不仅是真实记录下物体，还能够带给我们不同的心理感受。创造性地使用色彩，可以营造各种独特的氛围和意境，使图像更具表现力。

Photoshop 提供了大量色彩和色调调整工具，可用于处理图像和数码照片，下面我们就来了解这些工具的使用方法。

3.1 调整命令概览

3.1.1 调整命令分类

Photoshop 的"图像"菜单中包含用于调整图像色调和颜色的各种命令，如图 3-1 所示。这其中的一部分常用命令也可以通过"调整"面板打开如图 3-2 所示，这些命令主要分为以下几种类型。

图像(I) 图层(L) 文字(Y) 选择(S) 滤镜(T) 视图(V) 窗口(W) 帮助(
模式(M) ▶
调整(J) ▶ 亮度/对比度(C)...
自动色调(N) Shift+Ctrl+L 色阶(L)... Ctrl+L
自动对比度(U) Alt+Shift+Ctrl+L 曲线(U)... Ctrl+M
自动颜色(O) Shift+Ctrl+B 曝光度(E)...
图像大小(I)... Alt+Ctrl+I 自然饱和度(V)...
画布大小(S)... Alt+Ctrl+C 色相/饱和度(H)... Ctrl+U
图像旋转(G) ▶ 色彩平衡(B)... Ctrl+B
裁剪(P) 黑白(K)... Alt+Shift+Ctrl+B
裁切(R)... 照片滤镜(F)...
显示全部(V) 通道混合器(X)...
复制(D)... 颜色查找...
应用图像(Y)... 反相(I) Ctrl+I
计算(C)... 色调分离(P)...
变量(B) ▶ 阈值(T)...
应用数据组(L)... 渐变映射(G)...
陷印(T)... 可选颜色(S)...
分析(A) ▶ 阴影/高光(W)...
HDR 色调...
变化...
去色(D) Shift+Ctrl+U
匹配颜色(M)...
替换颜色(R)...
色调均化(Q)

图 3-1 "图像"→"调整"命令   图 3-2 "调整"面板

1. 调整颜色和色调的命令

"色阶"和"曲线"命令可以调整颜色和色调,它们是最重要、强大的调整命令;"色相 / 饱和度"和"自然饱和度"命令用于调整色彩;"阴影 / 高光"和"曝光度"命令只能用于调整色调。

2. 匹配、替换和混合颜色的命令

"匹配颜色"、"替换颜色""通道混合器"和"可选颜色"命令可以匹配多个图像之间的颜色,替换指定的颜色或者对颜色通道做出调整。

3. 快速调整命令

"自动色调"、"自动对比度"和"自动颜色"命令(注:图 3-1 中未给出)能够自动调整图片的颜色和色调,可以进行简单的调整,适合初学者使用;"照片滤镜"、"色彩平衡"和"变化"是用于调整色彩的命令,使用方法简单且直观;"亮度 / 对比度"和"色调均化"命令用于调整色调。

4. 应用特殊颜色调整的命令

"反相"、"阈值"、"色调分离"和"渐变映射"是特殊的颜色调整命令,它们可以将图片转换为负片效果、简化为黑白图像、分离色彩或者用渐变颜色转换图片中原有的颜色。

3.1.2 调整命令的使用方法

Photoshop 的调整命令可以通过两种方式来使用,第一种是直接用"图像"菜单中的命令来处理图像,第二种是使用"调整"图层来应用这些调整命令,这两种方式可以达到相同的调整结果。它们的不同之处在于"图像"菜单中的命令会修改图像的像素数据,而"调整"图层则不会修改图像的像素数据,它是一种非破坏性的调整功能。

例如,假设我们要用"色相 / 饱和度"命令调整对象的颜色。如果使用"图像"→"调整"→"色相 / 饱和度"命令来操作,"背景"图层中的像素就会被修改,如图 3-3 所示。如果使用"调整"图层操作,则可在当前图层的上面创建一个"调整"图层,调整命令通过该图层对下面的图像产生影响,调整结果与使用"图像"菜单中的"色相 / 饱和度"命令完全相同,但下面图层的像素却没有任何变化,如图 3-4 所示。

图 3-3　使用调整命令示例

图 3-4　使用"调整"图层示例

使用"调整"命令调整图像后，我们不能修改调整参数，而"调整"图层却可以随时修改参数，如图 3-5 所示。并且，我们只需隐藏或删除"调整"图层，便可以将图像恢复为原来的状态，如图 3-6 所示。

图 3-5　调整图像参数

图 3-6　隐藏或删除"调整"图层

3.2 快速调整图像

在"图像"菜单中，利用"自动色调"、"自动对比度"和"自动颜色"命令，可自动对图像的颜色和色调进行简单的调整，适合对于各种调色工具不太熟悉的初学者。

3.2.1 "自动色调/自动对比度/自动颜色"命令

"自动色调"、"自动对比度"、"自动颜色"命令不需要进行参数设置，通常主要用于校正数码相片出现的明显的偏色、对比度低、颜色暗淡等问题。

"自动色调"命令可以自动调整图像中的黑场和白场，将每个颜色通道中最亮和最暗的像素映射到纯白（色阶为 255）和纯黑（色阶为 0），中间像素值按比例重新分布，从而增强图像的对比度。

练一练：使用自动色调命令调整图像打开一张色调有些发灰的照片，如图 3-7 所示，执行"图像"➔"自动色调"命令，Photoshop 会自动调整图像，使色调变得清晰，如图 3-8 所示。

图 3-7　示例照片（1）

图 3-8　使用"自动色调"命令处理效果

"自动对比度"命令可以自动调整图像的对比度，使高光看上去更亮，阴影看上去更暗。例如，图 3-9 所示为一张色调有些发白的照片，执行"图像"→"自动对比度"命令后的效果如图 3-10 所示。

图 3-9   示例照片2   图 3-10   使用"自动对比度"命令处理效果

提示："自动对比度"命令不会创建调整通道，它只调整色调，而不改变色彩平衡。因此，也就不会产生色偏，但也不能纠正色偏。该命令可以改善彩色图像的外观，但无法改善单色图像。

"自动颜色"命令可以通过搜索图像来标志阴影、中间调和高光，从而调整图像的对比度和颜色。我们可以使用该命令来校正出现色偏的照片。例如，图 3-11 所示的照片颜色偏黄，执行"图像"→"自动颜色"命令即可校正偏色，如图 3-12 所示。

图 3-11   示例照片3   图 3-12   使用"自动颜色"命令处理效果

3.2.2   "照片滤镜"命令

滤镜是相机的一种配件，将它安装在镜头前面既可以保护镜头，也能降低或消除水面和非金属表面的反光。有些彩色滤镜可以调整通过镜头传输的光的色彩平衡和色温，生成特殊的色彩效果。Photoshop 的"照片滤镜"可以模拟这种彩色滤镜，对于调整数码照片特别有用。该命令的对话框的参数说明如下。

- 滤镜颜色：在"滤镜"下拉列表中可以选择要使用的滤镜。如果要自定义滤镜的颜色，可单击"颜色"选项右侧的颜色块，打开"拾色器"调整颜色。
- 浓度：可调整应用到图像中的颜色量，该值越高，颜色的应用强度就越大。
- 保留明度：勾选该项时，可以保持图像的明度不变，取消勾选，则会因添加滤镜效果而使图像的色调变暗。

提示："照片滤镜"可用于校正照片的颜色。例如，日落时拍摄的人脸会显得偏红。我们可以针对想减弱的颜色选用其补色的滤光镜——青色滤光镜（红色的补色是青色）来校正颜色，恢复正常的肤色。

练一练：使用照片滤镜调整图像，如图 3-13 所示。

图 3-13 使用"照片滤镜"命令示例

3.2.3 "变化"命令

"变化"命令是一个简单且直观的图像调整工具。我们使用它时，只需单击图像缩略图便可以调整色彩、饱和度和明度。该命令的优点体现在我们能够预览颜色变化的整个过程，并比较调整结果与原图之间的差异。此外，在增加饱和度时，如果出现溢色，Photoshop 还会标出溢色区域。该命令对话框参数说明如下。

- 原稿、当前挑选："原稿"缩略图中显示了原始图像，"当前挑选"缩略图中显示了图像的调整结果。第一次打开该对话框时，这两个图像是一样的，而"当前挑选 I"图像将随着调整的进行而实时显示当前的处理结果，如果要将图像恢复为调整前的状态，可单击"原稿"缩略图。
- 饱和度 / 显示修剪："饱和度"用来调整颜色的饱和度。勾选该项后，该对话框左侧会出现三个缩略图，中间的"当前挑选"缩略图显示了调整结果。单击由"减少饱和度"和"增加饱和度"缩略图可减少或增加饱和度。在增加饱和度时，可以勾选"显示修剪"选项，这样如果超出了饱和度的最高限度（即出现溢色），颜色就会被修剪，以标志出溢色区域。
- 精细 – 粗糙：用来控制每次的调整量，每移动一格滑块，可以使调整数量双倍增加。

各种调整缩略图：单击相应的缩略图，可以进行相应的调整，如单击"加深颜色"缩略图，可以应用一次加深颜色效果。

实例练习——使用"变化"命令制作视觉杂志

【操作步骤】

1. 打开素材文件，如图 3-14 所示。接着置入照片素材文件，然后调整好大小和位置，如图 3-15 所示。

2. 选择素材照片图层，执行"图像"→"调整"→"变化"命令，打开"变化"对话框。单击两次"加深绿色"缩略图，将绿色加深两个色阶，如图 3-16 所示。此时可看到照片颜色明显倾向于绿色，如图 3-17 所示。

图 3-14　素材文件　　　　　图 3-15　置入照片　　　　　图 3-16　"变化"对话框

3. 置入第二张照片素材，执行"图像"→"调整"→"变化"，打开"变化"对话框。单击两次"加深蓝色"缩略图，将蓝色加深两个色阶，如图 3-18 所示。

4. 置入第三张照片素材，执行"变化"命令，单击两次"加深红色"缩略图，将红色加深两个色阶，如图 3-19 所示。

图 3-17　加深绿色效果　　　　图 3-18　加深蓝色效果　　　　图 3-19　加深红色效果

3.2.4　"去色"命令

"去色"命令可以将照片转换为黑白效果。在人像、风光和纪实摄影领域，黑白照片是具有特殊魅力的一种艺术表现形式。高调是由灰色级谱的上半部分构成的，主要包含白、极浅白灰、浅灰、深灰和中灰，即表现得轻盈明快、单纯、洁秀。优美等艺术氛围的照片，称为高调照片。

——使用"去色"和"曲线"命令制作黑白照片

【操作步骤】

1. 打开彩色人像照片如图 3-20 所示，用"去色"命令将图像调整为黑白色彩，如图 3-21 所示。

2. 用"曲线"命令调整图像，在曲线上创建两个控点，将曲线调整为 S 形，如图 3-22、

图 3-23 所示。增加黑白照片的对比度使其更加具有视觉冲击力。

3. 导入前景素材，最后效果如图 3-24 所示。

图 3-20　彩色人像照片

图 3-21　调整为黑色色彩

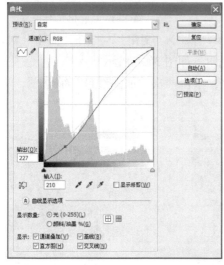

图 3-22　"曲线"对话框

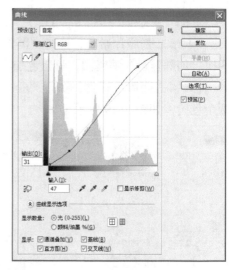

图 3-23　增加对比度

图 3-24　导入前景素材

3.2.5　"色调均化"命令

　　"色调均化"命令可以重新分布像素的亮度值，将最亮的值调整为白色，最暗的值调整为黑色，中间的值分布在整个灰度范围中，使它们更均匀地呈现所有范围的亮度级别（0～255），该命令还可以增加那些颜色相近的像素间的对比度。在打开的对话框中，选择"仅色调均化所选区域"表示仅均匀分布选区内的像素，如图 3-25 所示；选择"基于所选区域色调均化整个图像"，则可根据选区内的像素均匀分布所有图像像素，包括选区外的像素，如图 3-26 所示。

图 3-25 "仅色调均化所选区域"选项　　　　图 3-26 "基于所选区域色调均化整个图像"选项

练一练：使用色调均化提亮照片，如图 3-27 所示。

图3-27 使用色调均化提亮照片

3.3 图像的影调调整

3.3.1 亮度/对比度调整

"亮度 / 对比度"命令可以对图像的色彩范围进行调整，它的使用简单，没有"色阶"和"曲线"的命令可控性强，调整时有可能丢失图像细节。对于高端输出，最好使用"色阶"和"曲线"来调整。在"亮度 / 对比度"对话框中，向左拖动降低亮度和对比度，向右则提高亮度和对比度。勾选"使用旧版"选项，可以得到与 Photoshop CS3 以前版本相同的调整结果。

提示：在"图像调整"菜单中，在修改参数之后如果需要还原成原始参数，可以按住 Alt 键，对话框中的"取消"按钮会变为"复原"按钮。

练一练：使用"亮度 / 对比度"命令调整图像，如图 3-28 所示。

图3-28 使用"亮度/对比度"命令调整图像

3.3.2 色阶调整

"色阶"命令是最为重要的调整工具之一，它可以调整图像的阴影、中间调、高光的强度级别，校正色调范围和色彩平衡。也就是说，"色阶"不仅可以调整色调，还可以调整颜色。该命令对话框参数说明如下。

- 预设：单击"预设"选项右侧的 ≡ 按钮，在打开的下拉列表中选择"存储"命令，可以将当前的调整参数保存为一个预设文件。在使用相同的方式处理其他图像时，可以用该文件自动完成调整，也可以选择一个系统预设的方式进行色调调整。
- 通道：可以选择一个颜色通道来进行调整，调整通道会改变图像的颜色，如图 3-29 所示为修改红通道后的效果图。

（a）原图 　　　　　　　　（b）调整后图像

图3-29　修改红通道后的效果图

提示：如果要同时编辑多个颜色通道，可在执行"色阶"命令之前，先按住 Shift 键在"通道"面板中选择这些通道，这样"色阶"的"通道"菜单会显示目标通道的缩写，例如 R、G 表示红色和绿色通道。

- 输入色阶：用来调整图像的阴影（左侧滑块）、中间调（中间滑块）和高光区域（右侧滑块）。可拖动滑块或者在滑块下面的文本框中输入数值来进行调整。向左移动滑块，与之对应的色调会变亮，如图 3-30 所示；向右拖动，则色调变暗，如图 3-31 所示。

图 3-30　色调变亮 　　　　　　　　图 3-31　色调变暗

- 输出色阶：可以限制图像的亮度范围，从而降低对比度，使图像呈现褪色效果，如图 3-32 所示。
- 设置黑场 ✒：使用该工具在图像中单击，可以将单击点的像素调整为黑色，原图中比该点暗的像素也变为黑色，如图 3-33 所示。

图 3-32　褪色效果

图 3-33　黑场工具

- 设置灰场 ✎：使用该工具在图像中单击，可根据单击点像素的亮度来调整其他中间色调的平均亮度，如图 3-34 所示。我们通常使用它来校正色偏。
- 设置白场 ✎：使用该工具在图像中单击，可以将单击点的像素调整为白色，比该点亮度值高的像素也都会变为白色，如图 3-35 所示。

图 3-34　灰场工具

图 3-35　白场工具

- 自动：单击该按钮，可应用自动颜色校正，Photoshop 会以 0.5% 的比例自动调整色阶，使图像的亮度分布更加均匀。
- 选项：单击该按钮，可以打开"自动颜色校正选项"对话框，在该对话框中可以设置黑色像素和白色像素的比例。

练一练：使用色阶命令调整图像，如图 3-36 所示。

图3-36　使用"色阶"命令调整图像

3.3.3　曲线调整

"曲线"是 Photoshop 中最强大的调整工具，它具有"色阶""阈值""亮度 / 对比度"等多个命令的功能。曲线上可以添加 14 个控制点，这意味着我们可以对色调进行非常精确的调整。打开的"曲线"对话框，如图 3-34 所示。

在"曲线"对话框的曲线上单击可添加控制点，拖动控制点改变曲线的形状便可调整图像的色调和颜色。单击控制点可将其选中，按住 Shift 键单击可选择多个控制点。选择控制点后按下 Delete 键可将其删除。"曲线"对话框参数说明如下。

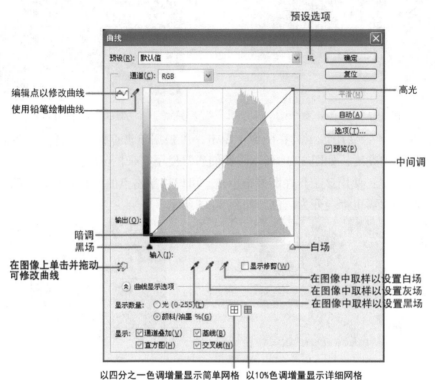

图 3-37 "曲线"对话框

1. 曲线基本选项

- 预设/预设选项≡：包含了 Photoshop 提供的 9 种预设调整文件。单击"预设"选项右侧的按钮，可以打开一个下拉列表，可以将当前的调整状态保存为一个预设文件，或载入一个外部的预设调整文件。

- 通道：在下拉列表中可以选择要调整的颜色通道。调整通道会改变图像颜色。

- 编辑点以修改曲线∿：打开"曲线"对话框时，该按钮为按下状态，此时在曲线中单击可添加新的控制点。拖动控制点改变曲线形状，即可调整图像。当图像为 RGB 模式时，曲线向上弯曲，可将色调调亮；曲线向下弯曲，可将色调调暗，如图 3-38 所示。

（a）原图

（b）色调变亮

（c）色调变暗

图3-38 编辑点以修改曲线设置

提示：在 CMYK 模式下，曲线向上弯可调亮图像，向下弯可调暗图像。

- 使用铅笔绘制曲线 ：按下该按钮，可绘制手绘效果的自由曲线，绘制完成后，单击 "编辑点以修改曲线" 按钮，可以显示出曲线上的控制点，如图 3-39 图 3-40 所示。

- 平滑：使用 "使用钢笔绘制曲线" 绘制出曲线以后 ，单击 "平滑" 按钮，可对曲线 进行平滑处理，如图 3-41 所示。

 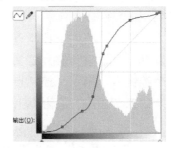 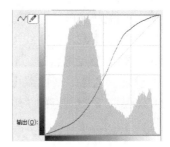

图 3-39　使用铅笔绘制曲线　　　图 3-40　显示曲线上的控制点　　　图3-41　平滑处理

- 在图像上单击并拖动可修改曲线 ：选择该工具后，将光标放置在图像上，曲线上 会出现一个圆圈，表示光标处的色调在曲线上的位置，如图 3-42 所示。在图像上单 击并拖曳鼠标左键可添加控制点以调整图像的色调，如图 3-43 所示。

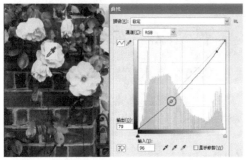 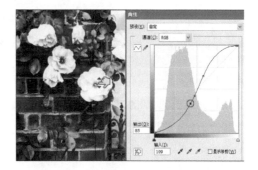

图 3-42　在图像上单击并拖动可修改曲线　　　图 3-43　在图像上单击添加控制点

- 输入 / 输出色阶：输入色阶显示的是调整前的像素值；输出色阶显示的是调整后的像 素值。

- 自动：单击该按钮，可以对图像应用 "自动色调"、"自动对比度"、"自动颜色" 校正。

- 选项：单击该按钮，在打开的 "自动颜色校正选项" 对话框中可以设置单色、每通 道、深色和浅色的算法等。

2. 曲线显示选项

- 显示数量：包含 "光（0~255）" 和 "颜料 / 油墨 %" 两种显示方式。

以四分之一色调增量显示简单网格 / 以 10% 色调增量显示详细网格 ：单击 可以以 1/4（即 25%）的色调增量来显示网格，这种网格比较简单；单击 可以以 10% 的色调增量 来显示网格，这种更精细。

- 通道叠加：选中该项，可以在复合曲线上显示颜色通道。

- 基线：选中该项，可以显示基线曲线值的对角线。

- 直方图：选中该项，可以在曲线上显示直方图作为参考。

- 交叉线：选中该项，可以显示用于确定的精确位置的交叉线。

实例练习 ——使用"曲线"命令打造负片正冲效果

【操作步骤】

1. 打开彩色人像照片，执行"图像"→"调整"→"曲线"命令，设置"红"通道，在曲线上增加两个控制点，第一个控制点的"输入"值为62，"输出"值为20；第二个控制点的"输入"值为207，"输出"值为193，如图3-41所示。

2. 设置绿通道，在曲线上增加两个控制点，第一个控制点的"输入"值为69，"输出"值为34；第二个控制点的"输入"值为192，"输出"值为233，如图3-45所示。

3. 设置蓝通道，在曲线上增加两个控制点，第一个控制点的"输入"值为82，"输出"值为67；第二个控制点的"输入"值为212，"输出"值为194，如图3-46所示。

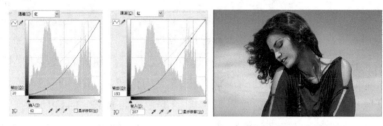

图3-44 设置红通道

图3-45 设置绿通道

图3-46 设置蓝通道

4. 用矩形工具在顶部和底部绘制矩形选区并填充黑色，用文字工具输入底部文字，原始图和最终效果图比较，如图3-47所示。

（a）原始图 （b）最终效果图

图3-47 原始图和最终效果图

3.3.4 曝光度调整

"曝光度"命令不是通过当前颜色空间而是通过类线性颜色空间执行计算而得出的曝光效果。使用"曝光度"命令可以通过调整曝光度、位移、灰度系数校正 3 个参数调整照片的对比反差，修复数码照片中常见的曝光过度与不足等问题。"曝光度"对话框参数说明如下。

- 预设/预设选项 ≡：Photoshop 预设了 4 种曝光效果，分别是"减 1.0"、"减 2.0"、"加 1.0"、"加 2.0"。单击"预设"选项右侧的按钮，可以打开一个下拉列表，可以将当前的调整状态保存为一个预设文件，或载入一个外部的预设调整文件。
- 曝光度：向左拖动滑块，可降低曝光效果；向右拖动则增加曝光效果。
- 位移：主要对阴影和中间调起作用，可使其变暗，但对高光基本不产生影响。
- 灰度系数校正：使用一种乘方函数来调整图像灰度系数。

练一练：使用"曝光度"命令调整图像，如图 3-48 所示。

图3-48 使用"曝光度"命令调整图像

3.3.5 阴影/高光调整

我们使用数码相机逆光拍摄时，经常会遇到一种情况，就是场景中亮的区域特别亮，暗的区域又特别暗。拍摄时如果考虑亮调不能过曝，就会导致暗调区域过暗，看不清内容，形成高反差。处理这种照片最好的方法是使用"阴影/高光"命令来单独调整阴影区域，它能够基于阴影或高光中的局部相邻像素来校正每个像素。调整阴影区域时，对高光的影响很小；而调整高光区域时，对阴影的影响也很小。该命令非常适合校正由强逆光而形成剪影的照片，也可以校正由于太接近相机闪光灯而有些发白的焦点。"阴影/高光"对话框（见图3-49）参数说明如下。

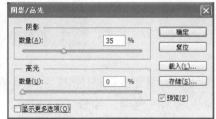

图3-49 "阴影/高光"对话框

- "阴影"选项组："数量"选项来控制阴影区域的亮度，该值越高，阴影区域越亮，如图 3-50（a）所示；"色调宽度"用来控制色调的修改范围，其值越小，修改的范围就只针对较暗的区域，如图 3-50（b）所示；"半径"可控制各像素周围的局部相邻像素的大小，相邻像素决定了像索是在阴影中还是在高光中。

- "高光"选项组："数量"选项用来控制高光区域的黑暗程度，该值越高，高光区域越暗，如图 3-50（c）所示；"色调宽度"用来控制色调的修改范围，该值越小，修改的范围就只针对较亮的区域，如图 3-50（d）所示；"半径"可控制各像素周围的局部相邻像素的大小，相邻像素决定了像素是在阴影中还是在高光中。

- "调整"选项组："颜色校正"用来调整已修改区域的颜色；"中间调对比度"用来调整中间调的对比度；"修剪黑色"和"修剪白色"决定了在图像中将多少个阴影和高光剪到新的阴影中。

- 存储为默认值：如果要将对话框中的参数设置存储为默认值，可以单击该按钮。存储为默认值以后，再次打开"阴影／高光"对话框时，就会显示该参数。

（a）"阴影"选项组数量　　（b）"阴影"选项组色调宽度　　（c）"高光"选项组数量　　（d）"高光"选项组色调宽度

图3-50　"阴影/高光"对话框参数说明

实例练习——使用"阴影高光"命令处理逆光照片

【操作步骤】

1.打开彩色人像照片，复制"背景"图层生成"图层 1"如图 3-51 所示。

2.执行"图像"→"调整"→"阴影高光"命令，在弹出的对话框中设置参数，改善人物逆光效果，如图 3-52 所示。

图 3-51　图层1　　　　　　　　　　　图 3-52　人物逆光效果

3.调整完成后，单击"创建新的填充或调整图层"按钮，在弹出的快捷菜单中选择"可选颜色"命令，设置参数修复人物偏红色调，如图 3-53 所示。

4.继续创建"色阶"调整图层，设置参数加强明暗对比，在该"调整"图层的蒙版中，使用透明度较低的画笔对过亮部分涂抹，恢复画面细节，如图 3-54 所示。

图 3-53　修复人物偏红色调

图 3-54　设置参数加强明暗对比

3.4 图像色调调整

3.4.1 自然饱和度调整

"自然饱和度"命令是用于调整色彩饱和度的命令。它的特别之处是可在增加饱和度的同时防止颜色过于饱和而出现溢色，非常适合处理人像照片。它能让人物皮肤颜色红润、健康、自然，有效避免出现难看的溢色。

实例练习——使用"自然饱和度"命令打造高彩外景

【操作步骤】

1. 打开素材文件，复制背景图层，如图 3-55 所示。
2. 执行"图像"→"调整"→"曲线"命令，适当调整曲线将亮度提高，如图 3-56 所示。

图 3-55　复制背景图层

图 3-56　提高亮度

3.单击"图层"面板中的"调整图层"按钮![icon]，添加"自然饱和度"调整图层，设置"自然饱和度"为 100，"饱和度"为 17，如图 3-57 所示。

4.调整过于鲜艳的小狗颜色：设置前景色为黑色，单击"画笔工具"，选择柔角画笔和合适的大小，在"调整"图层蒙版中涂抹小狗的区域，使这部分不受调整图层的影响，如图 3-58 所示。

图 3-57　调整图层参数　　　　　　　　图 3-58　调整过于鲜艳的小狗颜色

5.新建图层"边框"，用"圆角矩形工具"，在其选项栏中设置为"路径"模式，设置"半径"为 30 像素，绘制合适大小的圆角矩形，按住 Ctrl+Enter 键创建选区，按 Ctrl+Shift+I 键反选，并填充白色，如图 3-59 所示。

6.选择"边框"图层，添加"外发光"图层样式，如图 3-60 所示。设置"大小"为 59 像素，效果如图 3-61 所示。

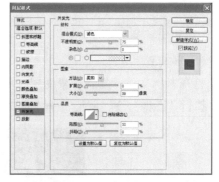

图 3-59　"边框"图层　　　　　　　　图 3-60　添加"外发光"图层样式

7.使用画笔、文本、自选图表工具绘制可爱装饰图，效果图如图 3-62 所示。

图 3-61　"外发光"图层设置后的效果　　　　　图3-62　最终效果图

3.4.2　色相/饱和度调整

"色相 / 饱和度"命令通过"色相"、"饱和度"、"明度"三个参数调整图像颜色属性，该命令对话框如图 3-63 所示。对话框中各参数说明如下。

图 3-63 "色相/饱和度"对话框

- 编辑：单击 ⌄ 按钮，在下拉列表可以选择要调整的颜色。选择"全图"，然后拖动下面的滑块，可以调整图像中所有颜色的色相、饱和度和明度，图 3-64 所示为全图调整的效果；选择其他选项，则可单独调整红色、黄色、绿色和青色等颜色的色相、饱和度和明度。图 3-65 所示为只调整蓝色的效果。

图 3-64　全图调整的效果　　　　图 3-65　只调整蓝色的效果

- 图像调整工具 👆：选择该工具以后，将光标放在要调整的颜色上，单击并拖动 👆 标志可修改单击点颜色的饱和度，向左拖动鼠标可以降低饱和度，向右拖动则增加饱和度。如果按住 Ctrl 键拖动鼠标，则可以修改色相。

- 着色：勾选该项以后，如果前景色是黑色或白色，图像会转换为红色，如图 3-66 所示；如果前景色不是黑色或白色，则图像会转换为当前前景色的色相。变为单色图像以后，可以拖动"色相"滑块修改颜色，或者拖动下面的两个滑块调整饱和度和明度，如图 3-67 所示。

图 3-66　图像变红　　　　　图 3-67　调整饱和度和明度

"色相/饱和度"对话框底部有两个颜色条，上面的颜色条代表了调整前的颜色，下面的代表了调整后的颜色。如果我们在"编辑"选项中选择了一种颜色，两个颜色条之间便会出现几个小滑块，此时两个内部的垂直滑块定义了将要修改的颜色范围，调整所影响的区域会由此逐渐向两个外部的三角形滑块处衰减，三角形滑块以外的颜色则不会受到任何影响，如图 3-68 所示。

我们可以拖动垂直的隔离滑块，扩展或收缩所影响的颜色范围；也可以拖动三角形衰减滑块，扩展或收缩衰减范围。上面的数字表示在色轮中的颜色变化范围，图 3-68 中表示，0 ～ 195 和 285 ～ 360 是不受影响的颜色范围，195 ～ 225 和 255 ～ 285 是两个衰减范围，225 是被调整的颜色。

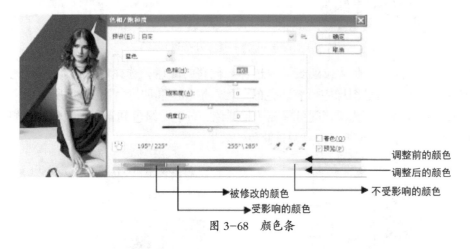

图 3-68　颜色条

提示：饱和度和自然饱和度的区别

● 饱和度（saturation）：提升所有颜色的强度，可能导致过饱和，局部细节的消失，最常见是皮肤的过饱和（变成橙色且不自然）。

● 自然饱和度（vibrance）：智能提升画面中比较柔和（即饱和度低）的颜色，而使原本饱和度够的颜色保持原状。类似于对照片补光，但是它是对颜色的补光。可以防止皮肤颜色变得过饱和以及不自然。

❖ 实例练习 ❖——使用"色相/饱和度"命令突出图像重点

【操作步骤】

1. 打开素材文件，如图 3-69 所示。

2. 利用"图层"面板中的"创建调整图层"按钮，创建"色相 / 饱和度"调整图层，设置饱和度为 -75。此时，可以看到图像整体饱和度降低了很多，如图 3-70 所示。

图 3-69　素材文件

图 3-70　调整饱和度

3. 用黑色画笔在图层蒙版中左侧人像的位置上涂抹，恢复原来颜色，如图 3-71 所示。

4.导入前景素材，效果图如图3-72所示。

图 3-71　恢复原来颜色

图 3-71　效果图

3.4.3　色彩平衡调整

"色彩平衡"对话框中相互对应的两个颜色互为补色（如青色与红色）。当我们提高某种颜色的比重时，位于另一侧的补色的颜色就会减少。该命令对话框的参数说明如下。

- 色彩平衡：在"色阶"文本框中输入数值，或拖动滑块可以向图像中增加或减少颜色。例如，如果将最上面的滑块移向"青色"，可在图像中增加青色，同时减少其补色红色。图3-73所示为调整不同的滑块对图像的影响。

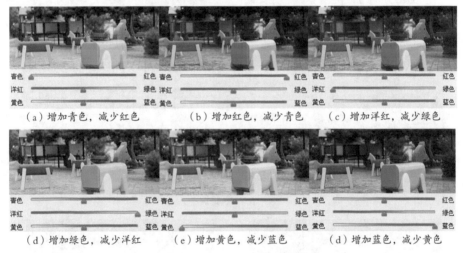

图 3-73　调整不同的滑块对图像的影响

- 色调平衡：可以选择一个或多个色调来进行调整，包括"阴影"、"中间调"和"高光"。图3-74所示为单独向阴影、中间调和高光中添加黄色的效果。勾选"保持明度"选项，可以保持图像的色调不变，防止亮度值随颜色的更改而改变。

（a）向阴影添中黄色　　　　（b）向中间调添加黄色　　　　（c）向高光添加黄色

图 3-74　单独向阴影、中间调和高光中添加黄色的效果

【操作步骤】

1. 打开素材文件，如图 3-75 所示。

2. 创建"色彩平衡 1"调整图层，设置参数值如图 3-76 所示，以调整画面色调，调整后的效果如图 3-77 所示。

3. 新建"图层 1"，使用灰色柔角画笔工具在云朵和石头处涂抹，并设置混合模式为"叠加"，调整后的效果如图 3-78 所示。

4. 按快捷键 Ctrl+Shift+Alt+E 盖印可见图层，生成"图层 2"，结合减淡工具在图像上进行涂抹，以绘制高光效果，调整后的效果如图 3-79 所示。

图3-75 原图

图3-77 调整图层

图3-76 参数调整

图3-78 设置混合模式

图3-79 效果图

3.4.4 黑白调整

"黑白"是专门用于制作黑白照片和黑白图像的工具，它可以对各颜色的转换方式完全控制，简单来说就是我们可以控制每一种颜色的色调深浅。例如，彩色照片转换为黑白图像时，红色和绿色的灰度非常相似，色调的层次感就被削弱了。"黑白"命令可以解决这个问题，它可以分别调整这两种颜色的灰度，将它们有效区分开来使色调的层次丰富、鲜明。"黑白"对话框如图 3-80 所示。

图 3-80 "黑白"对话框

"黑白"命令不仅可以将彩色图像转换为黑白效果，也能够为灰度着色，使图像呈现为单色效果。该命令对话框的参数说明如下。

- 手动调整特定颜色：如果要对某种颜色进行细致的调整，可以将光标定位在该颜色区域的上方，此时光标会变为状，单击并拖动光标可以使该颜色变暗或变亮。同时，"黑白"对话框中相应的颜色滑块也会自动移动位置。
- 拖动颜色滑块调整：拖动各个颜色的滑块可调整图像中特定颜色的灰色调。例如，向左拖动红色滑块时，可以使图像中由红色转换而来的灰色调变暗，如图 3-81 所示；向右拖动，则会使这样的灰色调变亮，如图 3-82 所示。

图 3-81 灰色调变暗

图 3-82 灰色调变亮

提示：按住 Alt 键再单击某个色卡可将单个滑块复位到其初始设置。另外，按住 Alt 键时，对话框中的"取消"按钮将变为"复位"。单击"复位"按钮可复位所有的颜色滑块。

- 使用预设文件调整：在下拉列表中可以选择一个预设的调整文件，对图像自动应用调整。图 3-83 所示为几种不同预设文件创建的黑白效果。如果要存储当前的调整设置结果，可单击选项右侧的按钮，在下拉菜单中选择"存储预设"命令。

（a）蓝色滤镜　　（b）绿色滤镜　　（c）高对比度红色滤镜　　（d）红色滤镜　　（e）红外线

图 3-83 几种不同预设文件创建的黑白效果

- 为灰度着色：如果要为灰度着色，创建单色调效果，可勾选"色调"选项，再拖动"色相"滑块和"饱和度"滑块进行调整。单击颜色块，可以打开"拾色器"对话框对颜色进行调整。图3-84所示为创建的单色调图像。

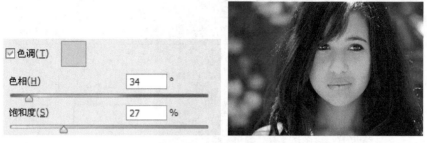

图 3-84　单色调图像

自动：单击该按钮，可设置基于图像的颜色值的灰度混合，并使灰度值的分布最大化。"自动"混合通常会产生极佳的效果，并可以用做使用颜色滑块调整灰度值的起点。

答疑解惑 ——"去色"和"黑白"有什么不同

"去色"命令只能简单地去掉所有颜色，只保留原图中单纯的黑白灰关系，并且将丢失很多细节。而"黑白"命令则可以通过参数的设置调整各个颜色在黑白图像中的亮度，这是"去色"命令所不能够达到的，所以如果想要制作高质量的黑白照片则需要使用"黑白"命令。

练一练：使用"黑白"命令制作黑白照片，如图3-85所示。

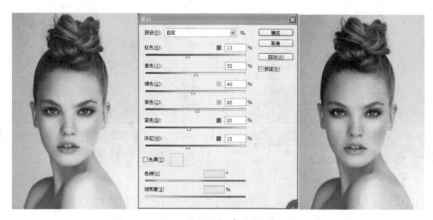

图3-85　使用"黑白"命令制作黑白照片

3.4.5 通道混合器

对图像执行"图像"→"调整"→"混合器"命令可以对图像的某一个通道的颜色进行调整，以创建出各种不同色调的图像，同时也可以用来创建高品质的灰度图像，执行"通道混合器"命令，打开的对话框如图3-86所示。

- 预设：Photoshop提供了6种制作黑白图像的预设效果，在"预设"选项下拉按钮中选择即可。
- 输出通道：在该下拉列表框中可以选择一种通道来对图像的色调进行调整。

- 源通道：用来设置源通道在输出通道中所占的百分比。将一个源通道的滑块向左拖曳，可以减小该通道在输出通道中所占的百分比，如图 3-87 所示；向右拖曳，可以增加百分比，如图 3-88 所示。
- 总计：显示源通道的计数值。如果计数值大于 100%，则有可能会丢失一些阴影和高光细节。
- 常数：用来设置输出通道的灰度值，"常数"设为负值可以在通道中增加黑色，设为正值可以在通道中增加白色。
- 单色：选中该复选框后，图像将变成黑白效果。

图 3-86　"通道混合器"对话框

图 3-87　减小源通道占比

图 3-88　增加源通道占比

实例练习——使用通道混合器制作金色田野

【操作步骤】

1. 打开素材文件，如图 3-89 所示。

2. 创建新的"通道混合器"调整图层，设置输出通道为"红"，"红色"为 +200%，"绿色"为 +43%，此时草地变为金色，天空变为粉紫色，如图 3-90 所示。

图 3-89　素材文件

图 3-90　调整通道混合器

3. 使用黑色画笔工具在通道混合器中涂抹天空部分和树的区域，如图 3-91 所示。

4. 最后用文字工具输入艺术文字，最终效果如图 3-92 所示。

图 3-91　涂抹天空和树

图 3-92　加入艺术字

3.4.6 颜色查找调整

执行"图像"→"调整"→"颜色查找"命令，在弹出的对话框中可以从以下方式中选择用于颜色查找方法：3DLUT 文件、摘要、设备链接。在每种方式的下拉列表中，选择合适的类型，选择完成后可以看到图像整体颜色发生了风格化的效果，如 3-93 所示。

（a）原图　　　　　　　　　　　　（b）效果图

图3-93　"颜色查找"命令

3.4.7 可选颜色调整

"可选颜色"命令可以在图像的每个主要原色成分中更改印刷色的数量，也可以在不影响其他主要颜色的情况下有选择地修改任何主要颜色中的印刷色数量。打开一张图像，如图 3-94 所示。执行"图像"→"调整"→"可选颜色"命令，打开"可选颜色"对话框，如图 3-95 所示。进行相关参数调整后的效果如图 3-96 所示。该对话框中相关参数说明如下。

- 颜色：在该下拉列表框中选择要修改的颜色，然后在下面的颜色滑块中进行调整，可以调整该颜色中青色、洋红、黄色和黑色所占的百分比。
- 方法：选择"相对"方式，可以根据颜色总量的百分比来修改青色、洋红、黄色和黑色的数量；选择"绝对"可以采用绝对值来调整颜色。

图 3-94　图像　　　图 3-95　"可选颜色"对话框　　　图 3-96　效果图

实例练习——使用可选颜色增加秋日效果

【操作步骤】

打开"增强秋日效果 .jpg"文件，如图 3-97 所示。

创建"可选颜色 1"调整图层，设置参数值，以调整画面色调，如图 3-98 所示，并结合画笔工具在图层蒙版上涂抹，以恢复其色调，效果如图 3-99 所示。

图3-97　原图

图3-98　参数调整

图3-99　初步效果

3. 创建"色彩平衡1"调整图层，设置参数值，以调整画面色调，参数如图3-100所示，并结合画笔工具在马路上涂抹，以恢复其色调，效果如图3-101所示。

图3-100　调整色调

图3-101　调整画面色调

4. 创建"渐变填充1"填充图层，在弹出的对话框中设置其选项后单击"确定"按钮。设置该图层的混合模式为"叠加"、"不透明度"为50%，如图3-102所示。

5. 创建"色阶1"调整图层，设置参数值，以调整画面色调的层次，如图3-103所示。

图3-102　调整渐变图层

图3-103　调整色阶

3.4.8　匹配颜色调整

"匹配颜色"命令的原理是：将一个图像作为源图像，另一个图像作为目标图像，然后以源图像的颜色与目标图像的颜色进行匹配。源图像和目标图像可以是两个独立的文件，也可以匹配同一个图像中的不同图层之间的颜色。

打开两张图像，如图3-105所示，选中其中一个文档，执行"图像"→"调整"→"匹配颜色"命令，打开"匹配颜色"对话框，如图3-106所示。

（a）图像1

（b）图像2

图3-105　原始图像

图3-106　"匹配颜色"对话框

- 目标：这里显示要修改的图像的名称以及颜色模式。
- 应用调整时忽略选区：如果目标图像（即被修改的图像）中存在选区，选中该复选框，Photoshop 将忽略选区的存在，会将调整应用到整个图像，如图 3-107（a）所示；如果不选中该复选框，那么调整只针对选区内的图像，如图 3-107（b）所示。

- 明亮度：用来调整图像匹配的明亮程度。
- 颜色强度：用来调整图像的饱和度。如图 3-108 所示分别为设置该值为 1 和 200 时的颜色匹配效果。

（a）选中　　　　　（b）未选中　　　　　（a）颜色强度1　　　　（b）颜色强度200

图3-107　应用调整时忽略选区　　　　　　　图3-108　颜色强度设置

- 渐隐：有点类似于图层蒙版，它决定了有多少源图像的颜色匹配到目标图像的颜色中。如图 3-109 所示，设置该值为 50 和 100（不应用调整）时的匹配效果。
- 中和：主要用来去除图像中的偏色现象，如图 3-110 所示。

（a）渐隐值50　　　　　（b）渐隐值100

图3-109　设置渐隐值　　　　　　　　　图 3-110　中和选项

- 使用源选区计算颜色：可以使用源图像中的选区图像的颜色来计算匹配颜色，如图 3-111 所示。
- 使用目标选区计算调整：可以使用目标图像中的选区图像的颜色来计算匹配颜色（注意：这种情况必须选择源图像为目标图像），如图 3-112 所示。
- 源：用来选择源图像，即将颜色匹配到目标图像的图像。
- 图层：用来选择需要用来匹配颜色的图层。

图 3-111　使用源选区计算颜色　　　　　图 3-112　使用目标选区计算调整

练一练：使用匹配颜色将春景调整为秋景，如图 3-113 所示。

图3-113　使用匹配颜色将春景调整为秋景

3.4.9　替换颜色调整

"替换颜色"命令可以修改图像中选定颜色的色相、饱和度和明度，从而将选定的颜色替换为其他颜色，打开一张图像，如图 3-114 所示，然后执行"图像"→"调整"→"替换颜色"命令，打开"替换颜色"对话框，如图 3-115 所示。该对话框中相关参数介绍如下。

- 吸管：使用吸管工具在图像上单击，可以选中单击处的颜色，同时在"选区"缩略图中也会显示出选中的颜色（白色代表选中的颜色，黑色代表未选中的颜色），如图 3-116 所示。使用"添加到取样" 在图像上单击，可以将单击点处的颜色添加到选中的颜色。使用"从取样中减去" 在图像上单击，可以将单击点处的颜色从选定的颜色中减去。

图3-114　原图　　　　　图3-115　"替换颜色"对话框　　　　　图3-116　吸管工具

- 本地化颜色簇：该选项主要用在图像上选择多种颜色。例如，如果要选中图像中的红色和黄色，可以不选中该复选框，然后使用吸管工具在红色上单击，再使用"添加到取样" 在黄色上单击，同时选中这两种颜色（如果继续单击其他颜色，还可以选中多种颜色），如图 3-117（a）所示，选中了黄色和红色叶子。这样就可以同时调整多种颜色的色相、饱和度和明度，如图3-117（b）所示。

（a）同时选中红色和黄色

（b）效果图

图3-117　本地化颜色簇

- 颜色：显示选中的颜色。
- 颜色容差：该选项用于控制选中颜色的范围。该数值越大，选中的颜色范围越广。
- 选区 / 图像：选择"选区"方式，可以以蒙版方式进行显示，其中白色表示选中的颜色，黑色表示未选中的颜色，灰色表示只选中了部分颜色；选择"图像"方式，则只显示图像。
- 色相 / 饱和度 / 明度：这三个选项与"色相 / 饱和度"命令的三个选项相同，可以调整选定颜色的色相、饱和度和明度。

实例练习——使用替换颜色将红玫瑰调整为蓝玫瑰

【操作步骤】

1. 打开"红玫瑰 .jpg"文件，选择背景图层，按下快捷键 Ctrl+J 将背景图层复制粘贴到新图层，形成图层 1，如图 3-118 所示。

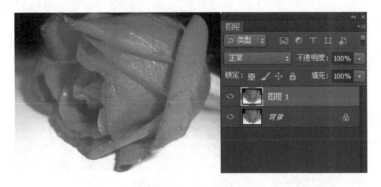

图3-118　复制图层

2. 执行"图像"→"调整"→"替换颜色"命令，弹出"替换颜色"对话框，选区选择"吸管工具"，在红色的玫瑰上单击，颜色容差值设置为最大值，被选择的部分以白色显示，没有被选择的部分以黑色显示，灰色表示透明的部分，如图 3-119 所示。

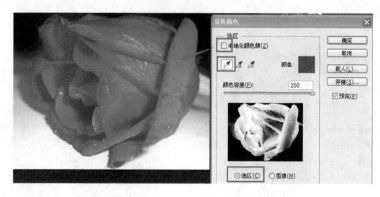

图3-119　设置替换颜色

　　3.没有被选择的部分用"添加到取样"工具在灰色的部分单击，这样红色的玫瑰全部变为白色，说明已经被选择，如图 3-120 所示。

图3-120　替换颜色设置

　　4.调整"替换"选项组中的色相三角滑块向左移，勾选"预览"可以看到红色的玫瑰变为蓝玫瑰了，如图 3-121 所示。

图3-121　替换红色为蓝色

3.5 特殊色调调整

3.5.1 反相调整

打开一张照片，执行"反相"命令，或按下 Ctrl+I 快捷键，Photoshop 会将通道中每个像素的亮度值都转换成 256 级颜色值刻度下相反的值，从而反转图像的颜色，创建彩色负片效果。再次执行该命令，可以将图像重新恢复为正常效果。将图像反相后，执行"去色"命令，可以得到黑白负片，再次对负片执行"反相"命令，又会得到原来的图像，如图 3-122 所示。

（a）原图　　　　　　　　　　　　　　　（b）负片

图3-122　"反相"命令

实例练习——使用反相操作抠出复杂树木

【操作步骤】

1. 打开素材，创建反相调整层，效果如图 3-123 所示。

图3-123　调整图层

2. 新建通道混合器调整层，勾选"单色"。减少通道中的红色，增加输出通道的绿色和蓝色，从而进一步分离天空和树林的色调，如图 3-124 所示。

图3-124　设置通道混合器图层

3. 添加色阶调整层，增强色调的差异，使图像中的深色变为黑色、浅色变为白色，如图 3-125 所示。

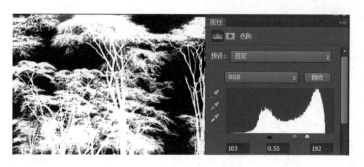

图3-125　添加色阶调整层

4. 按下快捷键 Alt+Ctrl+2，载入高光选区，选取树林。双击背景图层解锁，单击"添加图层蒙版"按钮。隐藏所有调整层，拖入水墨背景，得到如图 3-126 所示效果。

图3-126　最终效果图

3.5.2　色调分离调整

"色调分离"命令可以指定图像中每个通道的色调级数目或亮度值，然后将像素映射到最接近的匹配级别。在"色调分离"对话框中可以进行"色阶"数量的设置，设置的"色阶"值越小，分离的色调越多；"色阶"值越大，保留的图像细节就越多，如图 3-127 所示。

（a）原图　　　　　　　（b）色阶值小　　　　　　（c）色价值大

图3-127　色调分离

实例练习 ——使用色调分离制作时尚插画

【操作步骤】

1. 打开素材文件，如图 3-128 所示。

2. 创建新的"色调分离"调整图层，设置"色阶"值为 2，如图 3-129 所示。

3. 新建图层，按 Ctrl+Shift+Alt+E 组合键盖印当前图像生成图层 1，效果如图 3-130 所示。

4. 在"通道"面板中复制蓝通道生成"蓝副本"，打开"蓝副本"通道，如图 3-131 所示，关闭其他通道，如图 3-132 所示。用套索工具创建人物其他白色部分选区，填充为黑色，如图 3-133 所示。

5. 按住 Ctrl 键不放，单击"蓝副本"缩略图，创建背景选区。打开 RGB 通道，关闭"蓝副本"通道。在"图层"面板隐藏背景图层，"图层 1"中按 Delete 键删除背景部分，如图 3-134 所示。

6. 导入前景和背景素材，最终效果图如图 3-135 所示。

图 3-128　素材文件

图 3-129　色调分离

图 3-130　新建图层

图 3-131　设置"蓝副本"通道

图 3-132　背景处理

图 3-133　填充黑色

图 3-134　删除部分背景

图 3-135　最终效果图

3.5.3 阈值调整

"阈值"命令可以将彩色图像转换为只有黑白两色，它适合制作单色照片，或者模拟类似于手绘效果的线稿，也就是说"阈值"命令能减化图像细节。

"阈值"面板中的直方图显示了图像像素的分布情况。输入"阈值色阶"值或拖动直方图下面的滑块可以指定某个色阶作为阈值，所有比阈值亮的像素会转换为白色，所有比阈值暗的像素会转换为黑色，如图 3-136 所示。

图 3-136　阈值

🎀 **实例练习** 🎀——使用"阈值"命令制作涂鸦风格海报

【操作步骤】

1.打开素材文件，将女孩图片拖到背景图片上，如图 3-137 所示。

图3-137　原图

2.选择"图像"→"调整"→"阈值"命令，调整为阈值图像，如图 3-138 所示。

图3-138　调整阈值图像

3. 将女孩所在图层的混合模式调整为"滤色", 效果如图 3-139 所示。

图3-139 最终效果

3.5.4 渐变映射调整

"渐变映射"命令的工作原理其实很简单, 先将图像转换为灰度图像, 然后将相等的图像灰度范围映射到指定的渐变填充色, 就是将渐变映射到图像上。执行命令时打开相应的对话框, 该对话框中相关参数介绍如下。

- 灰度映射所用的渐变: 单击下面的渐变条, 打开"渐变编辑器"窗口, 在该窗口中可以选择或重新编辑一种渐变应用到图像上, 示例如图 3-140 所示。
- 仿色: 选中该复选框后, Photoshop 会添加一些随机的杂色来平滑渐变效果。
- 反向: 选中该复选框后, 可以反转渐变的填充方向, 映射出的渐变效果也会发生变化。

（a）原图　　　　　　　　　　　　　（b）效果

图3-140 渐变映射

实例练习——使用渐变映射改变礼服颜色

【操作步骤】

1. 打开素材文件, 如图 3-141 所示。

2. 使用磁性套索工具, 选取白色礼服部分, 如图 3-142 所示。

3. 单击"图层"面板中的"调整图层"按钮, 执行"渐变映射"命令, 如图 3-143 所示。

4. 在"渐变编辑器"窗口中编辑渐变方式, 选择"铜色渐变", 修改礼服颜色, 如图 3-144 所示。

图 3-141 素材文件   图 3-142 选取白色礼服   图 3-143 渐变映射   图 3-144 铜色渐变

                              部分

3.5.5 HDR色调

HDR 的全称是 High Dynamic Range，即高动态范围，"HDR 色调"命令可以用来修补太亮或太暗的图像，制作出高动态范围的图像效果，对于处理风景图像非常有用。执行该命令后，在打开的对话框中可以使用"预设"选项，也可以自行设定参数，如图 3-145 所示。

（a）原图   （b）效果

图3-145 HDR色调

- 预设：在该下拉列表框中可以选择预设的 HDR 效果，既有黑白效果，也有彩色效果。
- 方法：选择调整图像采用的 HDR 方法。
- 边缘光：该选项用于调整图像边缘光的强度，如图 3-146 所示。
- 色调和细节：调节该选项组中的选项可以使图像的色调和细节更加丰富细腻，如图 3-147 所示。
- 高级：在该选项组中可以控制画面整体的阴影、高光以及饱和度。
- 色调曲线和直方图：该选项组的使用方法与"曲线"命令的使用方法相同。

图 3-146 边缘光设置   图 3-147 色调和细节设置

3.6 调色案例与分析

孟塞尔认为：构成画面的各种色彩相混合，只有产生中性灰时才能使得色彩和谐。他认为严格意义上的色彩调和，是将画片中所有的颜色按比例进行混合，能够得到中性灰。色彩调和尚且遵循中性灰理论，那么图片偏色调整更应该以中性灰为依据了。

3.6.1 偏色识别方法

1. 观察法

要进行校色操作，首先要能识别图片的偏色。识别偏色的方法很多，通常采用的有以下几种。

（1）利用第一眼印象

当你观察一张彩色照片时，利用第一眼的印象来识别偏色程度，往往是很有帮助的。特别是对一些偏色并不严重的照片来说，采用此法尤为必要。这是因为人的眼睛适应颜色的能力较强，对有轻微偏色的照片反复观察的结果，会逐渐减弱识别的能力，所以必须抓住第一眼印象。

（2）观察景物影像的灰色部分

彩色照片上的灰色景物，是最难正确还原的部分，也是最能说明色彩平衡程度的部分，所以常常以它作为识别偏色的依据。如果把景物的灰色部分校正好，则其他颜色就能得到较真实的表现。反之，如果景物的灰色部分有偏色现象，则其他颜色就肯定不能得到真实的表现。在拍摄彩色电影时，为什么每组镜头都要拍一些灰色板的画面呢？其原因就是为了校色的需要。可以从以下几方面寻找：

- 根据经验和现实生活中知道的颜色去找，例如头发上的高光渐进色。
- 白色墙壁的阴影或白色衣服的阴影处。
- 柏油马路。
- 自然景物中应该是灰色的物质等。

（3）识别偏色要以照片的中间密度部位为准

一张彩色照片，在低密度到高密度的一系列密度等级中，颜色表现最充分、最丰富的地方是中间密度部分，而且它在画面中所占的比例也最大，又常常是主体所在部位，因此识别照片偏色以中间密度为主是很有代表性的。

在照片的低密度部位，虽然也能识别出偏色，但由于层次浅淡，偏色的程度及其严重性不如中间密度部位暴露得那样充分和明显。照片的高密度部位则容易给识别偏色导致错误的判断。比如蓝天下的阴影出现青蓝色乃是一种自然现象，就不能判为偏色。又如底片过薄，照片的高密度会轻度偏绿，这是由于黑度不好而出现的特征，如果与中间密度的偏色一致，尚可校正，否则是无法校正的。以上情况说明，识别照片的低密度部位和高密度部位的偏色现象，仅有参考价值，不能以此作为校正照片偏色的依据。

（4）观察人的皮肤颜色

凡是有人物的照片，特别是以人物为主的画面，识别偏色可以人的皮肤颜色为依据，因为人的皮肤颜色是人人都熟悉的。通常在平衡色温条件下拍摄的片子，只要人的皮肤颜色能得到真实还原，则整个画面上的其他景物也会得较好的色彩效果。不过，校正和还原肤色还必须考虑因人而异的因素，人种、职业、性别和年龄的不同，其肤色都是有差别的。

（5）分清照片偏色的主次

有的照片可能偏两种颜色，但在程度上往往有主次之别。比如偏绿色，就是由偏黄色和偏青色组成的，除了正绿色，偏黄和偏青总是不等量的，因此先要分清它们谁主谁次，然后再相应地以不同密度值的滤色片组合进行校正。

（6）从景物颜色的相互联系识别偏色

识别照片的偏色，不能单从某一景物的颜色着眼，因为偏色存在于画面上每个景物的不同颜色之中。只有分析两种以上景物的颜色和它们的相互联系，才能找出照片所偏的颜色。例如，画面上的红色景物和绿色景物都有点偏黄，而且蓝天又显得较灰暗，则可以肯定照片的整个色调是偏黄色的。

2. 数据方式验证

开启 PS 信息板，光标所到之处数据板即适时显示颜色的数据，按中性灰为 RGB=1：1：1 的参数比例矫正影像中应该是灰色的地方，例如电脑桌、墙壁阴影、金属管、银灰色物品等；白色衣服在不偏色的光线照射下，不是全白的地方应该是中性灰度的范围，这时可以直接在白衣服上选定一个点为中性灰，色彩就校正过来了，然后再适当调整图像影调。如果是单一色彩的人物面部特写，可以参照肤色标准来矫正。肤色主调趋势不是谁随便凭感觉来决定出来的，它是由中性灰平衡特性在彩色信息记录介质上检验出来的标准肤色。

3.6.2 还原风景照真实色彩

1. 创意分析

我们在拍摄风景照时，由于环境光线过暗，时常会导致照片出现曝光不足的画面效果，这在一定程度上影响画面细节信息的传达，通过调整各图层的明暗对比，使照片呈现完整的画面细节与信息。示例如图 3-148 所示。

【制作关键点】

- 转换色彩空间为"wide gamut RGB"。
- 用图像调整命令进行色调调整。
- 用锐化滤镜锐化图像。

（a）还原前 （b）还原后

图3-148　创意分析示例

2. 简单步骤

（1）打开素材图片"风景 .jpg"，执行"编辑"→"指定配置文件"→"wide gamut RGB"，参数设置如图 3-149 所示。

注：wide gamut RGB是使用纯粹的光谱原色所定义的超宽广RGB色域。此色域包含几乎所有的可见色，并且比一般的显示器能够显示的色彩范围更大。

图 3-149　参数设置

（2）执行"图像"→"调整"→"自然饱和度"命令，设置如图 3-150 所示。

（3）执行"滤镜"→"锐化"→"USM 锐化"命令，设置如图 3-151 所示。

图 3-150　设置自然饱和度

图 3-151　USM锐化设置

（4）执行"图像"→"应用图像"命令，设置属性：通道"红"、混合"实色混合"、不透明度"15%"，如图 3-152 所示。

（5）按 Ctrl+J 组合键复制背景图层，设置图层样式为"滤色、不透明度 50%"，如图 3-153 所示。

图 3-152　应用图像设置

图 3-153　复制背景图层并设置

（6）执行"编辑"→"转换为配置文件"命令，如图 3-154 所示。

（7）创建"曲线"图层，调整 RGB 通道，参数设置如图 3-155 所示。

图 3-154　转换配置文件设置

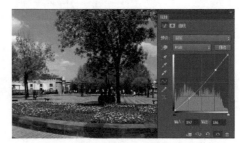

图 3-155　RGB通道参数设置

提示：锐化技巧

在执行"滤镜"→"锐化"→"USM 锐化"命令时，打开"USM 锐化"对话框如图 3-156

所示。

（1）参数

- 数量：决定应用给图像的锐化量。
- 半径：决定锐化处理将影响到边界之外的像素数。
- 阈值：决定一个像素在被当成一个边界像素并被滤镜锐化之前其周围区域必须具有的差别。

（2）使用说明

数量、半径的数值越大，锐化程度越重，而阈值则正好相反。由于我们拍摄的照片不同，我们对照片的锐化程度也不同，一般情况下，当锐化柔和的主体时，如人物、动物、花草等，"数量"值选大一些，"半径"值选小一些；当需要最大锐化时，如大楼、硬币、汽车、机械设备等，"数量"值选小一些，"半径"值选大一些。"半径"的取值在极端情况下，也不应大于5。

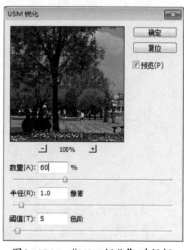

图3-156　"USM锐化"对话框

3.6.3　个人画册设计——双重人生

1. 创意分析

本实例作品在版式上以版面颜色的左右对比与版面编排的上下对比方式，体现该画册的个性特征，主要采用了"去色""色相/饱和度"命令来实现。在图案的选择上，运用卡通的矢量图案，使整个版面平面化感觉更强烈。

【制作关键点】

- 调整画面中图像的对比关系，增添画册的趣味性。
- 运用"去色"命令将彩色图像处理成黑白图像。

2. 操作步骤

（1）新建文档，设置名称为"双重人生"，宽度为20厘米，高度为10厘米，分辨率为300像素/英寸，颜色模式为RGB颜色，背景内容为白色的文档，如图3-157所示。

（2）新建图层组"组1"，然后在"组1"中新建"图层1"。单击矩形选框工具，在图像中创建矩形选区，填充选区颜色为（R150,G147,B147），然后取消选区，效果如图3-158所示。

图3-157　新建文档

图3-158　新建图层

（3）打开"花边.png"文件，将"花边"图像移到当前图像文件中，并命名图层名字也为"花边"。按下快捷键Ctrl+T对图像执行"自由变换"命令。将"花边"图像水平翻转，缩小图像、调整其在图像中的位置。执行"图像"→"调整"→"去色"命令，对"花边"

图像进行去色处理,设置图层"不透明度"为88%,使"花边"图像与灰色背景图像衔接更自然,效果如图 3-159 所示。

(4)打开"树 .png"文件,再单击移动工具,将"树"图像移到当前图像文件中,并命名图层名字也为"树"。按下快捷键 Ctrl+T 对图像执行"自由变换"命令,缩小图像并调整其在图像中的位置,效果如图 3-160 所示。

图 3-159　花边图像处理　　　　　　　　　　　　图 3-160　树图像处理

(5)单击矩形选框工具,沿着灰色背景图像与白色背景图像的分割线,创建"树"图像在左侧的选区,如图 3-161 所示。然后按下快捷键 Ctrl+U,打开"色相 / 饱和度"对话框,将饱和度降至最低,如图 3-162 所示。

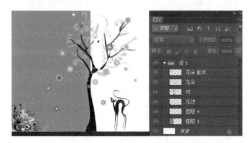

图 3-161　创建树图像左侧的选区　　　　　　　　图 3-162　降低饱和度

(6)设置完成后单击"确定"按钮,然后取消选区。打开"花朵 .png"文件,将"花朵"图像移到当前图像文件中。将新图层重命名为"花朵",调整其在图像中的位置。复制"花朵"图层,移至图像的左侧,采用相同的方法对图像进行去色处理,效果如图 3-163 所示。

(7)单击横排文字工具 T,在图像中输入文字。在"图层 1"的上方新建"图层 2",采用相同的方法在图像上创建矩形选区,填充选区颜色为(R6,G67,B142),如图 3-164 所示。

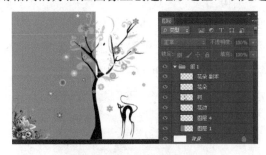

图 3-163　花朵图像处理　　　　　　　　　　　　图 3-164　输入文字填色

(8)保留选区,新建"图层 3",填充选区颜色为从(R0,G40,B100)到透明色的线性渐变,取消选区,如图 3-165 所示。新建图层命名为"星光",单击画笔工具,在"画笔预设"面板中载入"星光 .ABR"文件,如图 3-166 所示。选择载入的星光笔刷,设置前景色为白色,结合键盘上的"["与"]"键调整画笔的大小,然后在图像上绘制星光,如图 3-167 所示。

（9）采用相同的方法，在图像中输入其他说明性文字，填充文字颜色为白色，注意文字的大小与编排方式，最后效果如图 3-168 所示。

图 3-165　颜色渐色

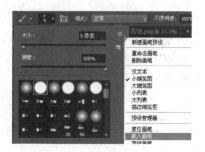

图 3-166　载入星光ABR

图 3-167　绘制星光

图 3-168　最终效果

【本章小结】

本章主要介绍了图像色彩色调的调整方法，共有两种：一种是调整命令，另一种是调整图层。由于调整命令属于不可修改方式且对图像造成破坏，调整图层属于可修改方式且破坏图像，所以建议大家尽量使用调整图层进行调整。

通过本章的学习应掌握图像偏色的识别方法，能根据图像的特征和设计的目标选择合适的调整方法调整图像色彩。

【课后练习】

1.调整命令与调整图层的区别是什么？调整图层的优点有哪些？

2.偏色的主要识别方法有哪些？

3.照片本应该表现一个浪漫动人的时刻，由于拍摄出来的客观原因，导致拍摄出来的照片缺少温馨的氛围，色调偏冷，请为照片打造一个法国浪漫色彩，如图 3-169 所示。

提示：照片中间的光线较为强，使得暗部太暗、色调偏冷，可以通过"可选颜色"命令、"色相／饱和度"命令和"色阶"命令的调整使照片重获法国浪漫的色彩。

图3-169　练习图

第 **4** 章　图片合成技术

本章学习要点：
- 掌握各种层的创建和编辑方法
- 掌握图层样式的使用方法
- 掌握图层混合模式的使用方法
- 掌握各类蒙版的使用方法

4.1 图层

4.1.1 图层概述

1. 图层的概念

"图层"的概念在 Photoshop 中十分重要，它是构成图像的重要组成单位，图像通常由多个图层构成如图 4-1 所示。对于一幅包含多个图层的图像，我们可以想象成叠放在一起的透明胶片，每张透明胶片上都有不同的画面，改变图层的顺序和属性可以改变图像的最后效果。通过对图层的操作，使用它的特殊功能可以创建很多复杂的图像效果如图 4-2 所示。

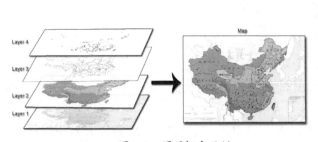

图4-1　图层概念示例

图4-2　图层操作示例

2. 图层的分类

Photoshop CS6 中有以下 6 类图层。

（1）"背景"图层

"背景"图层用于图像的背景，位于图层的底层，是一种不透明的图层，默认为锁定状态，且不能应用任何类型的混合模式。

（2）"普通"图层

"普通"图层是指用一般方法建立的图层，用于存放和绘制图像，它是一种最常用的图层。"普通"图层可以通过图层混合模式实现与其他图层的融合。

（3）"文字"图层

"文字"图层是指使用横排文字工具 T 和直排文字工具 IT 输入与编辑文字后得到的图层。

（4）"形状"图层

"形状"图层是指使用矩形工具 ▢、圆角矩形工具 ▢、椭圆工具 ◯、多边形工具 ◯、直线工具 ╱ 和自定义形状工具 ▨ 在图像中绘制图形时自动产生的图层。

（5）"调整"图层

"调整"图层用于控制色调和色彩的调整，是一种比较特殊的图层。

（6）"填充"图层

"填充"图层用于在当前图层中进行"纯色"、"渐变"和"图案"3种类型的填充，并结合图层蒙版的功能产生一种遮罩效果。

3."图层"面板

执行菜单中的"窗口"→"图层"命令，调出图层面板，如图4-3所示。

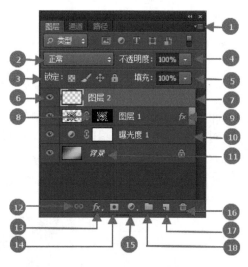

图 4-3 "图层"面板

①弹出菜单按钮：单击此按钮会弹出如图4-4所示的快捷菜单，从中可以选择相应的菜单命令进行操作。

②混合模式：用于设置图层间的混合模式，共有"正常"等27种混合效果可供选择，默认为"正常"。

③锁定工具栏：用于控制当前图层的锁定状态。从左到右依次为"锁定透明像素""锁定图像像素""锁定移动""锁定全部"。

④不透明度：用于设置图层的总体不透明度。

⑤填充不透明度：用于设置图层内容的不透明度。

⑥眼睛图标：显示或隐藏图层。

⑦当前图层：当前选中的图层即当前图层。

⑧图层蒙版：用于控制其左侧图像的显示或隐藏。

⑨图层样式：表示该层应用了图层样式，单击此图标会弹出"图层样式"对话框，在该对话框中可以设置各种图层样式。

⑩"调整"图层：用于控制该图层下面所有图层的相应参数，而执行菜单中的"图像"→"调整"下的相应命令只能控制当前图层的参数。

⑪图层名称：每个图层都可以设置自己的名称，以便区分和管理。新建图层时默认的图层名称为：图层 1、图层 2……

⑫链接图层：选择要链接的图层后，单击此按钮可以将它们链接到一起。

⑬添加图层样式：单击此按钮可以为当前图层添加图层样式。

⑭添加图层蒙版：单击此按钮可以为当前图层创建一个图层蒙版。

⑮创建新的"填充"或"调整"图层：单击此按钮可以从弹出的快捷菜单中选择相应的命令，来创建"填充"或"调整"图层。

⑯创建新组：单击此按钮可以创建一个新组。

⑰创建新图层：单击此按钮可以创建一个新图层。

⑱删除图层：单击此按钮可以删除当前选取的图层。

图 4-4　图层弹出菜单

4.1.2 图层常用操作

1. 新建图层

要新建图层，可执行下列任一操作：

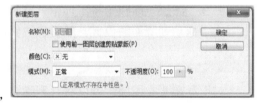

图 4-5　"新建图层"对话框

- 单击"图层"面板底部的"创建新图层"按钮。
- 选择"图层"→"新建"→"图层"命令或按 Shift+Ctrl+N 组合键，弹出"新建图层"对话框，如图 4-5 所示，在对话框中设置图层的名称、不透明度和颜色等参数，然后单击"确定"按钮即可。
- 从"图层"面板菜单中选取"新建图层"命令，弹出"新建图层"对话框，如图 4-5 所示。

2. 复制图层

要复制图层，可执行下列任一操作：

- 同一图像中复制图层，直接在"图层"面板中选中要复制的图层，然后将图层拖动至"创建新图层"按钮。
- 按 Ctrl+J 组合键，可以快速复制当前图层。
- 在不同图像之间复制图层，首先选择这些图层，然后使用移动工具在图像窗口之间拖动复制。
- 先选中要复制的图层，然后选择"图层"→"复制图层"命令，打开"复制图层"对话框，如图 4-6 所示。在"为"文本框中可以输入复制后的图层名称，在"目标"选项组中可以为复制后的图层指定一个目标文件，在"文档"下拉列表框中列出当前已经打开的所有图像文件，从中可以选择一个文件以便放置复制后的图层。如果选择

"新建"选项，表示复制图层到一个新建的图像文件中，此时"名称"文本框将可用，可以为新建图像指定一个文件名称。

图 4-6 "复制图层"对话框

提示：用户可以更改图层名称，其方法是在"图层"面板上双击要重新命令的图层，然后直接输入新名称即可。

3. 移动图层

移动图层实际上是改变图层的叠放顺序。图层的叠放顺序直接影响一幅图像的最终效果，调整图层顺序会导致整幅图像的效果发生改变。要移动图层，可执行下列任一操作：

- 在"图层"面板中选择要改变顺序的图层，使其呈为当前图层，然后选择"图层"→"排列"命令，在弹出的子菜单中选择所需的命令。
- 在"图层"面板中将鼠标指针移到要移动的图层上，然后按住鼠标左键不放向上或向下拖动到所需的位置，然后释放鼠标即可。

4. 删除图层

对于不需要的图层，可以将其删除。删除图层后，该图层中的图像也将被删除。要删除图层，可执行下列任一操作：

- 在"图层"面板中选中要删除的图层，单击面板底部的"删除图层"按钮 🗑。
- 在"图层"面板中将需要的图层拖动至"删除图层"按钮 🗑 上。
- 在"图层"面板中选中要删除的图层，选择"图层"→"删除"命令。
- 在"图层"面板中要删除的图层上右击，在弹出的快捷菜单中选择"删除"→"图层"命令。
- 在"图层"面板中选中要删除的图层，单击面板右上角的 按钮，在弹出的快捷菜单中选择"删除图层"命令。

5. 创建图层组

Photoshop 允许将多个图层编成组，这样对许多图层进行同一操作时，只需对组进行操作，从而大大提高图层较多的图像编辑效率。要创建图层组，可执行下列任一操作：

- 单击"图层"面板底部的"创建新组"按钮 📁。
- 选择"图层"→"新建"→"组"命令。

6. 链接图层

在编辑图像时，如果要对多个图层中的图像同时进行移动或变形操作时，可以使用系统提供的图层链接功能。图层链接的操作方法为：

①同时选中要添加链接的多个图层。

②单击"图层"面板下方的"链接图层"按钮 🔗。

③如果要删除链接，可以选择要解除链接的图层，再次单击"图层"面板下方的"链接图层"按钮 🔗。

7. 合并图层

在编辑图像时，为了便于对多个图层进行统一处理，可以将不再需要单独进行操作的图层合并为一个图层。合并图层的方式有 3 种。

- 向下合并：可以将当前图层与下面的一个图层进行合并。
- 合并可见图层：可以将"图层"面板中所有显示的图层进行合并，而被隐藏的图层将不合并。
- 拼合图层：用于将图像窗口中所有的图层进行合并，并放弃图像中隐藏的图层。

8. 锁定图层

在使用 Photoshop 编辑图像时，为了避免某些图层上的图像受到影响，可将其暂时锁定。锁定图层包括锁定透明像素 ▨、锁定图像像素 ✎、锁定位置 ✛ 和全部锁定 🔒 4 种类型。

- 锁定透明像素 ▨：单击此按钮，可以锁定图层中的透明部分，此时只能对有像素的部分进行编辑。
- 锁定图像像素 ✎：单击此按钮，此时无论是透明部分还是图像部分，都不允许再进行编辑。
- 锁定位置 ✛：单击此按钮，此时当前图层将不能进行移动操作。
- 全部锁定 🔒：单击此按钮，将完全锁定该图层。任何绘图操作、编辑操作（包括"删除图层"、"图层混合模式"和"不透明度"等功能）均不能在这个图层上使用，只能在"图层"面板中调整图层的叠放次序。

4.1.3 图层混合模式

图层的混合模式决定了当前图层的图像如何与下层图像的颜色进行色彩混合。在"图层"面板左上方的"图层混合模式"下拉列表框中可以选择所需的混合模式，如图 4-7 所示。

各种图层混合模式的作用（示例如图 4-8 所示）说明如下。

- 正常：使用正常的方式和下面一层混合，效果会受不透明度的影响。
- 溶解：当前层的颜色随机地被下一层的颜色替换，被替换的强度和程度取决于不透明度的设置。
- 正片叠底：利用减色原理，把当前层的颜色和下一层的颜色相乘，产生比这两种颜色都深的第三种颜色。
- 颜色加深：根据当前层颜色的深浅来使下一层像素的颜色变暗。
- 线性加深：根据每个通道中的颜色信息，并通过减小亮度使"基色"变暗以反映混合色。如果"混合色"与"基色"上的白色混合后将不会产生变化。
- 深色：比较混合色和基色的所有通道值的总和并显示值较小的颜色。
- 变亮：与"变暗"相反，比当前层颜色深的像素被替换，浅的像素不变而使图像变亮。
- 滤色：和"正片叠底"相反，利用加色原理使下层的颜色变浅。

- 颜色减淡：和"颜色加深"相反，使图像变亮。
- 线性减淡（添加）：按图像中的颜色线性减淡。
- 浅色：比较混合色和基色的所有通道值的总和并显示值较大的颜色。
- 叠加：综合"正片叠底"和"屏幕"两种模式效果，这种模式对图像中的中间色调影响大，而对高度和阴影部分影响不大。
- 柔光：图像产生柔和的光照效果，使当前图层比下面图层亮的区域更亮，暗的区域更暗。
- 强光：图像产生强烈的光照效果。
- 亮光：使图像的色彩变得鲜明。
- 线性光：线性的光照效果。
- 点光：限制减弱光照效果。
- 实色混合：将底色和选择颜色进行混合，使其达成统一的效果。
- 差值：用当前层的颜色减去下面层的颜色值，比较绘制的颜色值，从而产生反相效果。
- 排除：与"差值"类似，但颜色要柔和一些。
- 减去：查看每个通道中的颜色信息，并从基色中减去混合色，如果结果是负值则会转化为0，即黑色。混合色是白色，结果色就是黑色（白色的值为255，任何色阶值减去255都小于等于0，由于小于0的值自动转化为0，故结果也必定为黑色），所以混合色越亮，结果色就越暗，混合色越暗，结果色变暗程度会降低，和划分模式正好相反。
- 划分：查看每个通道中的颜色信息，并从基色中分割混合色。计算公式是：基色 ÷ 混合色 × 255。与减去相反，中性色是白色，而减去模式的中性色是黑色。
- 色相：只用当前层的色度值去影响下一层，而饱和度和亮度不会影响下一层。
- 饱和度：与"色相"模式相似，它只用饱和度影响下一层，而色度和亮度不会被影响。
- 颜色：是饱和度和色相模式的综合效果，即用当前层的饱和度和色相影响下一层，而亮度不影响。
- 明度：和"颜色"模式相反，只用当前层的亮度影响下一层。

图 4-7　图层混合模式

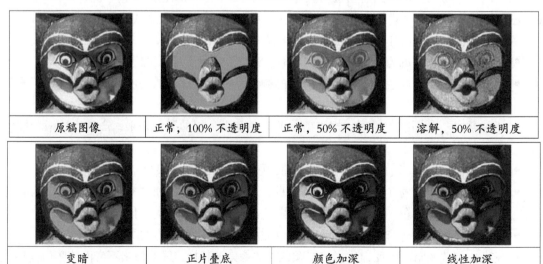

图4-8　各种图层模式示例

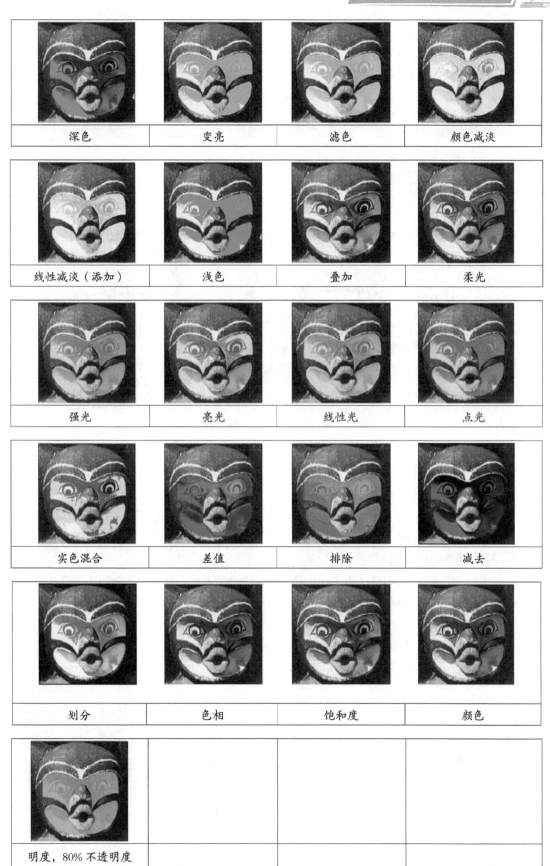

图4-8 各种图层模式示例(续)

案 例 ——使用图层混合模式制作车体彩绘

将彩带、彩块等素材以正片叠底方式进行图层混合即可，如图 4-9 所示。

图4-9　制作车体彩绘

4.1.4 图层样式

图层样式是指图层中的一些特殊的修饰效果。Photoshop CS6 提供了"阴影"、"内发光"、"外发光"和"斜面和浮雕"等样式。设置图层样式的方法为：

（1）选中要添加样式的图层。

（2）单击"图层"面板下方的"添加图层样式"按钮 fx，弹出如图 4-10 所示的快捷菜单；或执行菜单中的"图层"→"图层样式"命令，弹出如图 4-11 所示子菜单。

（3）选择一种样式进行设置，如果选择"混合选项"，将弹出如图 4-12 所示"图层样式"对话框。下面介绍其中的样式。

 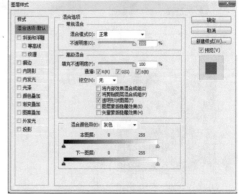

图 4-10　快捷菜单　　　图 4-11　"图层样式"子菜单　　　图 4-12　"图层样式"对话框

- 斜面和浮雕："斜面和浮雕"样式是指在图层的边缘添加一些高光和暗调带，从而在图层的边缘产生立体的斜面效果或浮雕效果。
- 描边："描边"样式是指使用纯色、渐变色或图案在图层内容的边缘上描画轮廓。
- 内阴影："内阴影"样式用于为图层添加位于图层内容边缘内的阴影。
- 内发光："内发光"样式用于在图层内容的边缘以内添加发光效果。
- 光泽："光泽"样式是指在图层内部根据图层的形状应用阴影来创建光滑的磨光效果。
- 颜色叠加：在图层内容上叠加颜色。
- 渐变叠加：在图层内容上叠加渐变色。
- 图案叠加：在图层内容上叠加图案。
- 外发光："外发光"样式用于在图层内容的边缘以外添加发光效果。
- 投影："投影"是指在图层内容上添加阴影效果。

实例练习——使用图层样式制作质感晶莹文字

该练习素材如图 4-13 所示。字体采用"CoventryScriptFLF"，使用了斜面和浮雕、内阴影（颜色 #306198）、内发光（颜色 #76fff4）、外发光（颜色 #baff00）4 种效果。

图4-13　练习素材

（1）双击字体文件，安装字体，设置前景色为 #009cfe，再选择文本工具 输入文字，设置字体"CoventryScriptFLF"与大小"400 像素"，如图 4-14 所示。

图4-14　设置前景色

（2）添加图层样式，设置斜面和浮雕、内阴影（颜色 #306198）、内发光（颜色 #76fff4）、外发光（颜色 #baff00）4 种效果，参数及效果如图 4-15 所示。

（a）斜面和浮雕

（b）内阴影

（c）内发光

（d）外发光

图4-15　文字四种效果

（3）导入花纹素材，最后效果如图4-16所示。

图4-16　效果图

4.2 蒙版

4.2.1 蒙版的概念

蒙版是将不同灰度色转化为不同的透明度,并作用到它所在的图层中,使图层不同部位的透明度产生相应的变化。蒙版是一个灰度图像,在蒙版中将有颜色的区域设为遮盖区域时,白色的区域为透明的区域(图像的选区范围),黑色的区域为不透明的区域(图像的非选区范围),而灰色的区域是半透明区域(图像的渐隐渐现部分)。

4.2.2 蒙版的分类

1. 快速蒙版

快速蒙版用来创建选区。进入快速蒙版编辑状态后,即可使用各种绘图工具在图像窗口中进行绘制,被绘制的地方将会以蒙版颜色进行覆盖,还可以使用滤镜对蒙版进行各种特效处理,处理完成后,退出快速蒙版编辑状态。

实例练习——利用快速蒙版抠取荷花

利用快速蒙版抠取荷花,其原图和效果图如图 4-17 所示。

（a）　原图　　　　　　　　　　　　（b）　效果图

图4-17　荷花的原图和效果图

【操作步骤】

①打开素材文件,单击工具箱中的"以快速蒙版模式编辑"按钮▣,进入快速蒙版模式。

②设置前景色为黑色,使用画笔工具(选择合适的笔尖和大小)在荷花上涂抹,产生如图 4-18 所示的效果。

③单击工具箱中的"以标准模式编辑"按钮▣,返回标准模式,自动产生如图 4-19 所示的选区。

图 4-18　快速蒙版涂抹　　　　　　　　图 4-19　创建选区

④双击"图层"面板中的"背景"图层，解除图层的锁定。

⑤按键盘上的 Delete 键删除荷花之外的选区部分，效果如图 4-17 所示。

2. 图层蒙版

图层蒙版可以理解为在当前图层上面覆盖一层玻璃片，这种玻璃片有：透明的、半透明的、完全不透明的。然后用各种绘图工具在蒙版上（即玻璃片上）涂色（只能涂黑白灰色），涂黑色的地方蒙版变为透明的、看不见当前图层的图像。涂白色则使涂色部分变为不透明的、可看到当前图层上的图像，涂灰色使蒙版变为半透明的，透明的程度由涂色的灰度深浅决定。

实例练习——利用图层蒙版抠取冰块

利用图层蒙版抠取冰块练习的原图及效果图如图 4-20 所示。

（a）原图

（b）效果图

图4-20 利用图层蒙版抠取冰块

【操作步骤】

①打开素材文件，单击"图层"面板下方的"添加蒙版"按钮，为背景图层添加图层蒙版。

②使用 Ctrl+A 快捷键选取冰块所在图层的内容。

③按住 Alt 键并单击图层蒙版缩略图，进入图层蒙版的编辑状态。使用 Ctrl+V 快捷键粘贴刚复制的内容。使用快捷键 Ctrl+D 取消选区。此时"图层"面板如图 4-21 所示。

④单击工具箱中的"钢笔工具"按钮，在图层蒙版中建立如图 4-22 所示的路径。

图 4-21 "图层"面板

图 4-22 建立路径

⑤切换到"路径"面板，单击"将路径作为选区载入"按钮▣，产生路径所对应的选区。

⑥执行菜单中的"选择"→"反向"命令，设置前景色为黑色，使用快捷键 Alt+Delete 填充图层蒙版中冰块以外的选区为黑色，如图 4-23 所示。

⑦使用快捷键 Ctrl+D 取消选区，单击图层缩略图，此时的冰块已变为透明状，如图 4-24 所示。

图 4-23 设置前景色为黑色

图 4-24 冰块已成为透明状

⑧单击"图层"面板下方的▣按钮新建"图层 1"，移动到冰块所在图层下方，自行用渐变色填充作为背景色，效果如图 4-25 所示。

⑨抠取的冰块不够理想，则可以多复制几个图层，最终效果如图 4-20 所示。

3. 矢量蒙版

矢量蒙版与图层蒙版类似，它可以控制图层中不同区域的透明，不同的是图层蒙版是使用一个灰度图像作为蒙版，而矢量蒙版是利用一个路径作为蒙版，路径内部图像将被保留，而路径外部的图像将被隐藏。

4. 剪贴蒙版

剪贴蒙版由两部分组成：基底图层和内容图层。基底图层是位于剪贴蒙版底端的一个图层，内容图层则可以有多个。其原理

图 4-25 渐变色填充

是通过使用处于下方图层的形状来限制上方图层的显示状态，也就是说基底图层用于限定最终图像的形状，而内容图层则用于限定最终图像显示的颜色图案，原理示意图如图 4-26 所示。

（a）原图　　　（b）基底图层和内容图层　　　（c）"图层"面板

图 4-26 剪贴蒙版

　　提示：剪贴蒙版的内容图层不仅可以是普通的像素图层，也可以是"调整图层"、"形状图层"和"填充图层"等类型。使用"调整图层"作为剪贴蒙版中的内容图层是非常常见的，主要可以用做对某一图层的调整而不影响其他图层，示例如图 4-27 所示。

（a）填充图层类型示例　　　　　　（b）形状图层类型示例

图 4-27　剪贴蒙版内容图层

实例练习——利用剪贴蒙版给女孩穿上花裙

　　利用剪贴蒙版给女孩穿上花裙练习，其原图及效果图如图 4-28 所示。

（a）原图　　　　　　　　　　　（b）效果图

图4-28　利用剪贴蒙版给女孩穿上花裙

【操作步骤】

　　①打开素材文件，单击工具箱中的"钢笔工具"按钮，勾选出女孩下半身裙并转换为选区，如图 4-29 所示。

　　②使用快捷键 Ctrl+J 为选区部分复制出一个新的图层。

图 4-29　勾选女孩下半身裙　　　图 4-30　荷花素材处理　　　图 4-31　剪贴蒙版处理

③打开荷花素材，移入图像，适当调整大小和位置，如图 4-30 所示。

④在荷花所在的图层单击鼠标右键，在弹出的快捷菜单中选择"创建剪贴蒙版"命令，设置图层混合模式"减去"和不透明度"30%"，效果如图 4-31 所示。

4.3 图像合成案例解析

本实例完成 2013 蛇年贺卡的制作效果图如图 4-32 所示。

【操作步骤】

1. 背景制作

（1）新建文件，宽度：200 毫米，文件高度：120 毫米，分辨率：300 像素 / 英寸。

（2）背景颜色：菱形渐变填充，渐变设置：前景色到背景色渐变，设置渐变颜色的前景色为（R237，G1，B29），设置渐变颜色的背景色为（R120，G11，B26）。效果如图 4-33 所示。

图 4-32　2013蛇年贺卡

（3）新建文件，宽度：10 毫米，文件高度：10 毫米，分辨率：300 像素 / 英寸，背景内容：使用自定义形状"装饰 8"，设置前景色为 (R248，G240，B10)，创建如图 4-34 所示形状。选择"编辑"→"定义图案"命令，将当前文档名称定义为图案"背景纹样"。

图 4-33　新建文件

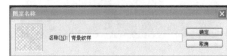

图 4-34　设置背景

（4）创建"背景图案"图层，选择"编辑"→"填充"命令用新定义的图案填充图层。图层样式设置为叠加、不透明度为 30%，效果如图 4-35 所示。

2. 文字处理

（1）使用文字工具（自行选择字体和大小）输入"蛇年快乐"，双击"文字"图层，打开"图层样式"对话框进行设置。

- 投影：设置不透明度为 65%，距离为 2 像素，大小为 2 像素。
- 内阴影：设置混合模式为叠加，不透明度为 74%，距离为 2 像素，大小为 2 像素。
- 内发光：设置混合模式为叠加，不透明度为 35%，双击发光颜色，弹出拾色器后把颜色改为 (R150，G150，B145)。

- 斜面和浮雕：设置结构样式为内斜面，结构方法为雕刻柔和，结构深度为 780%，结构大小为 3 像素。
- 渐变叠加：双击渐变条，弹出"渐变编辑器"后，设置色标 1 颜色为（R230，G117，B7）；色标 2 颜色为（R249，G230，B13），单击"确定"按钮完成渐变条设置。文字效果如图 4-36 所示。

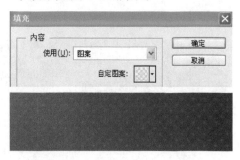

图 4-35　填充图案

图 4-36　"蛇年快乐"文字处理

（2）使用文字工具（自行选择字体和大小）输入"2013"，拷贝"蛇年快乐"的图层样式。

（3）使用文字工具（自行选择字体和大小）输入"Happy new year"，拷贝"蛇年快乐"的图层样式，去除"斜面和浮雕"样式。效果如图 4-37 所示。

3. 图案及花纹处理

（1）将素材"蛇宝宝"放入，用魔棒工具选择白色部分并删除。拷贝"蛇年快乐"的图层样式，去除"渐变叠加"样式，效果如图 4-38 所示。

图 4-37　文字处理最终效果

图 4-38　"蛇宝宝"素材

（2）打开素材"花纹 1.jpg"，在通道面板中按住 Ctrl 键单击 RGB 通道缩略图，选择"选择"→"反向"命令，将花纹选中，拖动到贺卡文件内。在贺卡文件中，在"图层"面板中单击 锁定：⬚ ⬚ ⬚ ，锁定花纹 1 所在图层的透明像素，填充线性渐变，渐变设置为橙、黄、橙渐变。图层的透明度设置为 65%。

（3）同样的方法处理"花纹 2.jpg"素材，效果如图 4-39 所示。

4. 灯笼制作

（1）新建组"灯笼"，在组中新建图层"灯笼体"，用椭圆选框工具创建椭圆选区。使用渐变工具，设置渐变色为"黄橙"、渐变方式为"径向渐变"填充选区，效果如图 4-40 所示。复制"灯笼体"图层，生成"灯笼体副本"，按 Ctrl+T 快捷键变形，变形时按住 Alt 键拖动鼠标,即能以中心点为基准进行变形,效果如图4-41所示。用同样方法,复制"灯笼体副本"图层,生成"灯笼体副本2"图层,用同样方法进行变形,最后灯笼效果如图4-42所示。

图4-39 花纹素材处理

图4-40 灯笼体

图4-41 灯笼体副本

图4-42 最后灯笼效果

(2)新建图层"灯笼提手",使用矩形选框工具绘制一个矩形。选择渐变工具,双击"渐变编辑器",打开"渐变"对话框。在颜色色标处添加4个色标使色标数达到6个,色标的位置和颜色从左到右依次如表4-1所示。渐变工具结合"变换"功能绘制出灯笼的第2部分,线性渐变填充,颜色从左到右设置如表4-1所示,整体效果如图4-43所示。

表4-1 色标的位置和颜色

渐变设置示意图	颜色	位置	颜色	位置	颜色	位置
	# ffff00	0%	# d5d517	4%	# ffff90	18%
	# ffff00	61%	# aeae14	84%	# eaea00	100%

(3)选择"灯笼提手"图层,执行"编辑"→"变换"→"变形"命令,调整提手的形状如图4-44所示。

图4-43 灯笼提手整体效果

图4-44 调整提手的形状

(4)复制"提手"图层,将它移到灯笼的底部,并进行垂直翻转。将两个提手图层移动到灯笼体图层的下面,整体效果如图4-45所示。

(5)新建图层"灯穗",使用矩形选框工具绘制一矩形选区并填上黄色#ffff00,取消选区。使用"滤镜"中的"风"滤镜制作向右的大风效果,再次使用"风"滤镜加强效果,如图4-46所示。

图 4-45　复制"提手"图层

图 4-46　灯穗

（6）执行"编辑"→"变换"→"旋转90度顺时针"命令，将"灯穗"图层旋转至正常位置。执行"编辑"→"变换"→"变形"命令，调整灯穗的形状。最后将灯穗图层调整到提手的下面，效果如图 4-47 所示。

（7）盖印制作"灯笼"的所有图层，添加"投影"图层样式：设置不透明度为 18%，距离为 21 像素，大小为 10 像素，调整大小和位置。制作另一灯笼，只需复制图层并调整大小、位置即可。最终效果如图 4-48 所示。

图 4-47　调整灯穗形状

图 4-48　最终效果图

【本章小结】

本章主要介绍 Photoshop 的多图层模式，通过图层的堆叠与混合可以制作出多种多样的效果。图层样式使用简单、修改方便，是制作质感效果的利器。蒙版可以遮盖住部分图像，使其不受操作的影响，是一种隐藏而非删除的编辑方式。图层和蒙版是合成图像的必备工具。

通过本章学习，应掌握各种图层和蒙版的创建编辑方法，掌握图层样式、混合模式的使用方法，能熟练使用图层和蒙版合成图像。

【课后练习】

使用图层和蒙版工具合成环保主题海报，如图 4-49 所示。

图4-49　环保主题海报

第 **5** 章　路径与矢量工具

本章学习要点：
- 掌握钢笔工具的使用方法
- 掌握路径的操作与编辑方法
- 掌握开关工具的使用方法
- 掌握路径与选区的相互转化

Photoshop CS6 是一个以编辑和处理位图图像为主的图像处理软件，同时为了协助位图图像的设计，也包含了一定的矢量图形处理功能。路径是 Photoshop CS6 矢量功能的充分体现。

5.1 路径概述

5.1.1 路径的定义及作用

1. 定义

路径是用户勾绘出来的、由一系列点连接起来的线段或曲线。它包括有起点和终点的开放式路径，以及没有起点和终点的闭合式路径两种。

在路径上存在着锚点、方向线和方向点这样一些辅助绘图的工具，如图 5-1 所示。

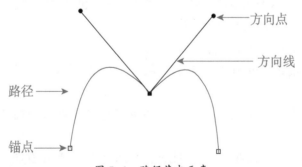

图 5-1　路径基本元素

锚点是一些标记路径线段端点的小方框，它又根据当前的状态显示为填充和不填充两种形式。若锚点被当前操作所选择，该锚点将被填充为一种特殊的颜色，成为填充形式。若锚点未被当前操作所选择，该锚点将成为不填充形式。

方向线是对应于一段路径线可以产生一条曲线，该曲线的曲率与凹凸方向将由方向线来确定。选中锚点将出现方向线，移动方向线可以改变曲线的曲率与凹凸方向。

方向线的端点叫方向点，移动方向点可以改变方向线的长度和方向从而改变曲线的曲率。

2. 路径的作用

路径的作用主要有以下三个方面：

①可以绘制线条平滑的优美图形。

②使用路径可以进行复杂图像的选取。

③可以存储路径以备再次使用。

5.1.2 路径面板

执行菜单中的“窗口”→“路径”命令，调出“路径”面板，如图 5-2 所示。下面介绍“路径”面板中的相关参数。

图层
通道
路径
路径 1
路径 2
1
2
3
4
5
6
7
8
9
10
11

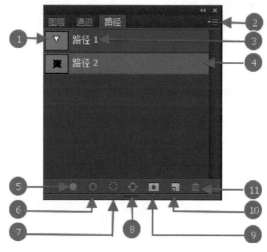

图 5-2 “路径”面板

①路径缩略图：在路径名称左侧有一个路径缩略图，显示当前路径的内容。

②弹出菜单按钮：单击此按钮会弹出如图 5-3 所示的快捷菜单，从中可以选择相应的菜单命令进行操作。

③路径名称：显示对应路径的名称。

④当前路径：当前选中的路径即当前路径，图像中显示这一路径的整体效果。

⑤用前景色填充路径：单击此按钮，将以前景色填充被包围的区域。

⑥用画笔描边路径：单击此按钮，可以按设置的绘图工具和前景色沿着路径进行描边。

⑦将路径作为选区载入：单击此按钮，可以将当前路径转换为选区范围。

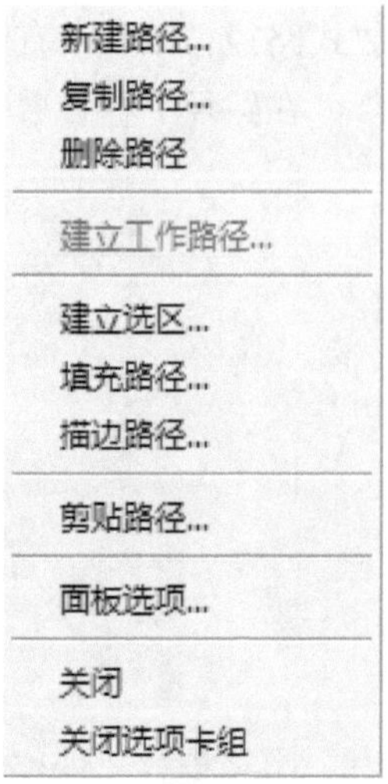

新建路径...
复制路径...
删除路径
建立工作路径...
建立选区...
填充路径...
描边路径...
剪贴路径...
面板选项...
关闭
关闭选项卡组

图 5-3 路径弹出菜单

⑧从选区生成工作路径：单击此按钮，可以将当前选区转换为工作路径。

⑨添加蒙版：单击此按钮，可以为图层添加蒙版。

⑩创建新路径：单击此按钮，可以创建一个新路径。

⑪ 删除当前路径：单击此按钮，可以删除当前选中的路径。

5.2 路径常用操作

5.2.1 路径工具

1. 创建路径工具

在 Photoshop CS6 中进行路径的创建主要用到钢笔工具组中的"钢笔工具"、"自由钢笔工具"及形状工具组中的"矩形工具"、"圆角矩形工具"、"椭圆工具"、"多边形工具"、"直线工具"和"自定形状工具",如图 5-4 所示。

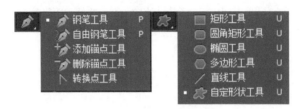

图 5-4　创建路径工具

2. 编辑路径工具

创建路径之后,很多时候需要对其进行编辑修改。在 Photoshop CS6 中进行路径编辑主要用到钢笔工具组中的"添加锚点工具"、"删除锚点工具"和"转换点工具"以及路径选择工具组中的"路径选择工具"、"直接选择工具",如图 5-5 所示。

图 5-5　路径选择工具组中的编辑路径工具

5.2.2 创建路径

1. 使用铅笔工具创建路径

钢笔工具是建立路径的基本工具,使用该工具可以创建直线路径和曲线路径。

钢笔工具的属性工具栏如图 5-6 所示,下面简单介绍相关属性。

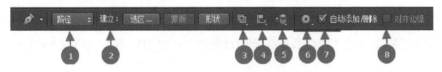

图 5-6　"钢笔工具"的属性工具栏

①"类型":包括形状、路径和像素 3 个选项,每个选项所对应的工具选项也不同(选择矩形工具后,像素选项才可使用)。

②"建立":建立是 Photoshop CS6 新加的选项,可以使路径与选区、蒙版和形状间的转换更加方便、快捷。绘制完路径后单击"选区"按钮,可弹出"建立选区"对话框。在该对话框中设置完参数后,单击"确定"按钮即可将路径转换为选区。绘制完路径后,单击"蒙版"按钮可以在图层中生成矢量蒙版。绘制完路径后,单击"形状"按钮可以将绘制的路径

转换为形状图层。

③"绘制模式"：其用法与选区相同，可以实现路径的相加、相减和相交等运算。

④"对齐方式"：可以设置路径的对齐方式（文档中有两条以上的路径被选择的情况下可用），与文字的对齐方式类似。

⑤"排列顺序"：设置路径的排列方式。

⑥"橡皮带"：可以设置路径在绘制时是否连续。

⑦"自动添加/删除"：勾选此选项后，当钢笔工具移动到锚点上时，钢笔工具会自动转换为删除锚点样式；当移动到路径线上时，钢笔工具会自动转换为添加锚点的样式。

⑧"对齐边缘"：将矢量形状边缘与像素网格对齐（选择"形状"选项时，对齐边缘可用）。

（1）绘制直线路径

实例练习——使用钢笔工具绘制出如图5－7所示的多边形路径。

【操作步骤】

①新建一个文件，选择工具箱中的钢笔工具 。

提示：为了更方便地确定锚点的位置，可通过执行"视图"→"显示"→"网格"命令使得在图像窗口中显示网格。

②将光标定位到图像窗口，单击确定路径起点，如图5-8所示。

③将光标定位到第二个锚点的位置单击，第二个锚点和第一个锚点之间产生一条线段，如图5-9所示。

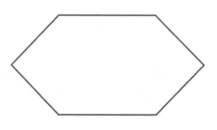

图5-7 多边形路径

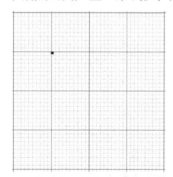

图5-8 确定路径起点

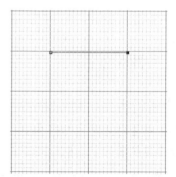

图5-9 确定第二个锚点的位置

④同理，绘制出其他线段，最后在开始点单击即产生封闭路径，如图5-10所示。

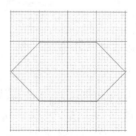

图5-10 封闭多边形路径效果

（2）绘制曲线路径

实例练习——使用钢笔工具绘制出如图 5-11 所示的M形路径。

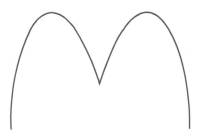

图 5-11　M形路径

【操作步骤】

①新建一个文件，选择工具箱中的钢笔工具 ✐。

②将光标移动到图像窗口，单击确定路径起点，不松手进行拖动，此时在该锚点处出现一条有两个方向点的方向线，如图 5-12 所示。

③将光标定位到要建立第二个锚点的位置上单击，仍然不松手进行拖动，此时在该锚点处出现一条有两个方向点的方向线，如图 5-13 所示。

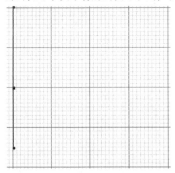

图 5-12　确定第一个锚点的位置

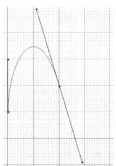

图 5-13　确定第二个锚点的位置

④按住 Alt 键，钢笔工具暂时转换为转换点工具，此时可将右下方的方向线移动至右上方，如图 5-14 所示。

⑤将光标定位到终点单击，仍然不松手进行拖动，此时在该锚点处出现一条有两个方向点的方向线，此时已产生 M 形状的曲线，结果如图 5-15 所示。

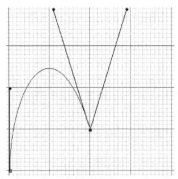

图 5-14　确定第三个锚点的位置

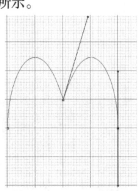

图 5-15　M形路径效果

2. 使用自由钢笔工具创建路径

使用自由钢笔工具时只需按住左键拖动，鼠标指针经过的路线会自动产生路径。自由钢笔工具和钢笔工具的属性栏基本相同，选中工具箱属性栏中的 ☑ 磁性的 项，它可以沿着图像的边缘绘制工作路径，并且自动产生锚点。

3. 使用形状工具创建路径

使用形状工具也可以创建路径。选择一个形状后，在工具属性栏中选择"路径"类型，然后在图像窗口中拖动鼠标即可创建一条封闭的路径。

5.2.3 编辑路径

1. 添加锚点工具

添加锚点工具 用于在已创建的路径上添加锚点。具体操作方法为：选择添加锚点工具，把鼠标指针移动到路径上想要添加的位置，这时指针右下方会出现一个 + 号，单击即可，如图 5-16 所示。

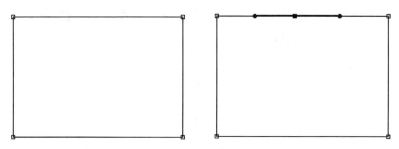

图 5-16　添加锚点

2. 删除锚点工具

删除锚点工具 用于从路径中删除锚点。具体操作方法为：选择删除锚点工具，把鼠标指针移动到路径上想要删除的位置，这时指针右下方会出现一个"-"号，单击即可，如图 5-17 所示。

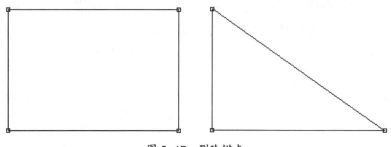

图 5-17　删除锚点

3. 转换点工具

转换点工具 用于把直线型锚点转换成平滑锚点或把平滑锚点转换成直线型锚点。具体操作方法为：选择转换点工具，把鼠标指针移动到路径上想要转换的直线型锚点位置，按住鼠标左键并拖动，可以将直线型锚点转换成平滑锚点；选择转换点工具，把鼠标指针移动到路径上想要转换的平滑锚点位置并单击，可以将平滑锚点转换成直线型锚点。图 5-18 所示为直线型锚点转换成平滑锚点。

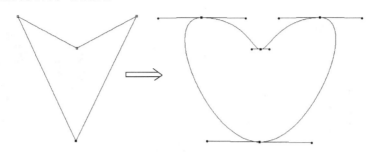

图 5-18　直线型锚点转换成平滑锚点

提示：在使用钢笔工具过程中按住 Alt 键可暂时切换到转换点工具进行调整。

4. 直接选择工具

直接选择工具有两种功能：一是移动锚点，二是改变方向线的方向或长度。

移动锚点的具体操作方法为：选中直接选择工具，单击锚点，当选中的锚点变成黑色小正方形时，按住鼠标左键移动锚点，从而改变路径的形状。

改变方向线的方向和长度的具体操作方法为：选择直接选择工具，单击锚点，此时显示锚点的方向线，选中方向线上的某个方向点，按住鼠标左键移动方向点，从而改变方向线的方向或长度。

提示：在使用钢笔工具过程中按住 Ctrl 键可暂时切换到直接选择工具进行调整。

5. 路径选择工具

路径选择工具用于移动路径。具体操作方法为：选择路径选择工具，单击选择需移动的路径，按住鼠标左键进行拖动即可。

5.2.4　应用路径

1. 填充路径

使用钢笔工具创建的路径只有在经过描边或填充处理后，才会成为图像。"填充路径"命令可以用于使用指定的颜色、图像状态、图案或填充图层来填充包含像素的路径。具体操作方法为：

①在"路径"面板中选择路径。要填充路径，可以执行下列任一操作：

● 单击"路径"面板底部的"填充路径"按钮。

● 如果要设置填充路径的各项参数，从"路径"面板菜单中选取"填充路径"或按住 Alt 键并单击"路径"面板底部的"填充路径"按钮，打开"填充路径"对话框，如图 5-19 所示。

②将前景色设置为红色，将六边形填充路径后的效果如图 5-20 所示。

图 5-19 "填充路径"对话框

图 5-20 填充路径后的效果

2. 描边路径

"描边路径"命令可用于绘制路径的边框。具体操作方法为:

①在"路径"面板中选择路径。执行下列任一操作:

- 单击"路径"面板底部的"描边路径"按钮◉。
- 从"路径"面板菜单中选取"描边路径"或按住 Alt 键并单击"路径"面板底部的"填描边路径"按钮◯,打开"描边路径"对话框,如图 5-21 所示。

②前景色设置为黑色,将图 5-20 所示的六边形使用画笔(大小:10 像素,硬度:100%,笔尖:硬边圆)描边路径后的效果如图 5-22 所示。

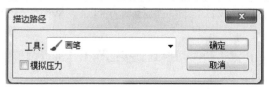

图 5-21 "描边路径"对话框

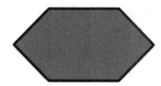

图 5-22 描边后的效果

3. 路径转换为选区

将路径转换为选区的具体操作方法为,在"路径"面板中选择路径,再执行下列任一操作:

- 单击"路径"面板底部的"将路径作为选区载入"按钮▦。
- 按住 Ctrl 键不放,并单击"路径"面板中的路径缩略图。

如果要设置建立选区的各项参数,可从"路径"面板菜单中选择"建立选区"命令或按住 Alt 键并单击"路径"面板底部的"将路径作为选区载入"按钮,打开"建立选区"对话框,如图 5-23 所示。在该对话框中进行设置。

图 5-23 "建立选区"对话框

4. 将选区转换为路径

将选区转换为路径的具体操作方法为：建立选区，再执行下列任一操作。

图 5-24 "建立工作路径"对话框

- 单击"路径"面板底部的"从选区生成工作路径"按钮 ◉ 以使用当前的容差设置，而不打开"建立工作路径"对话框。

- 从"路径"面板菜单中选择"建立工作路径"命令或按住 Alt 键并单击"路径"面板底部的"从选区生成工作路径"按钮 ◉，打开"建立工作路径"对话框，如图 5-24 所示。在该对话框中进行设置。

5. 存储工作路径

当使用钢笔工具或形状工具创建工作路径时，新的路径以工作路径的形式出现在"路径"面板中。该工作路径是临时的，必须随时保存以免内容丢失。如果没有保存便取消选择了工作路径，当再次开始绘图时，新的路径将取代现有路径。

存储工作路径可执行下列任一操作：

- 要存储路径但不想将其重命名，可将工作路径名称拖动到"路径"面板底部的"创建新路径"按钮 🖿。

- 要存储并重命名路径，可从"路径"面板菜单中选择"存储路径"命令或双击临时工作路径缩略图，打开"存储路径"对话框，如图 5-25 所示。输入新的路径名，并单击"确定"按钮。

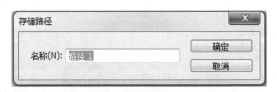

图 5-25 "存储路径"对话框

6. 删除路径

删除路径的具体操作方法为：在"路径"面板中选择路径，再执行下列任一操作。

- 将路径拖动到"路径"面板底部的"删除路径"按钮 🗑 上。
- 单击"路径"面板底部的"删除路径"按钮 🗑。
- 从"路径"面板菜单中选择"删除路径"命令。

5.3 路径案例

5.3.1 案例1：使用钢笔工具抠取跑车

钢笔工具适合对轮廓清晰、整洁的对象抠图，下面利用钢笔工具抠取跑车，如图 5-26 所示。

（a）原图

（b）效果图

图5-26　跑车

【操作步骤】

1.打开素材文件，如图5-26（a）所示。

2.选择工具箱中的钢笔工具，建立如图5-27所示的路径；切换到"路径"面板，双击临时工作路径缩略图，弹出"存储路径"对话框。输入路径名称"汽车"，单击"确定"按钮。

图5-27　汽车路径

3.选中"汽车"路径，单击"路径"面板底部的"将路径作为选区载入"按钮，即产生汽车选区，如图5-28所示。

图5-28　汽车选区

4.切换到"图层"面板，使用快捷键Ctrl+C复制图像中的选区部分。单击"图层"面板底部的按钮，新建"图层1"，再使用快捷键Ctrl+V粘贴图像中的选区部分。隐藏"背景"图层，即完成汽车的抠取，如图5-29所示。

图5-29　抠取的汽车

5. 新建"图层 2",放置到"图层 1"下方,任意设置前景色进行填充,如图 5-26(b)所示。

5.3.2 案例2:使用钢笔工具绘制蝴蝶

使用钢笔工具绘制蝴蝶,效果如图 5-30 所示。

【操作步骤】

1. 新建图层并命名为"翅膀 1",用钢笔工具绘制出下方翅膀的路径,按 Ctrl+Enter 键将其转化为选区,并填充色彩:#451C00,效果如图 5-31 所示。

2. 新建图层并命名为"翅膀 2",用钢笔画出上方翅膀的路径,转化为选区后填充色彩:#AF5E05,效果如图 5-32 所示。

图 5-30 蝴蝶效果图

图 5-31 翅膀1   图 5-32 翅膀2

3. 新建图层并命名为"躯干",用钢笔画出上方翅膀的路径,转为选区后填充黑色,此时效果如图 5-33 所示。

4. 新建图层"高光区 1"将前景色彩设定为:#D1C147,选取画笔工具将翅膀的右下角抹上高光。按 Ctrl 键单击"翅膀 1"缩略图,创建选区。执行"选择"→"反向"命令反向选择,按 Delete 键删除多余的高光部分,此时效果如图 5-34 所示。

图 5-33 躯干   图 5-34 创建高光区

5. 在下翅膀层上新建图层,重命名为"下翅膀叠加",用钢笔工具画出图 5-35 所示的选区,选取渐变工具,色彩设定如图 5-36 所示,拖出图 5-37 所示的线性渐变色。

图 5-35 设置选区   图 5-36 色彩设定

6. 新建图层，重命名为"高光区2"，用钢笔工具画出边上部分的高光部分，新建图层填充色彩：#FFEE28，效果如图 5-38 所示。

7. 新建图层，重命名为"高光区3"。用钢笔工具画出边上部分的高光路径，转化为选区后，填充色彩：#653409，效果如图 5-39 所示。

图 5-37　线性渐变色　　　　　　图 5-38　高光区2　　　　　　图 5-39　高光区3

8. 新建图层，重命名为"高光区4"。用钢笔工具画出边上部分的高光选区，填充渐变色彩：#BA9030、#000000，效果如图 5-40 所示。

9. 新建图层，用钢笔工具画出边角部分的高光路径，并转化为选区，填充色彩 #FAE045，此时效果如图 5-41 所示。

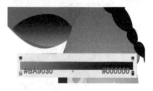 

图 5-40　翅膀填充色彩　　　　　　　　　　图 5-41　填充色彩

10. 新建图层，用钢笔工具画出如图 5-42 所示的路径，并转化为选区，填充如图 5-42 所示的线性渐变色。

11. 新建图层，用钢笔工具画出图 5-43 所示的路径，并转化为选区，然后使用"编辑"菜单的"描边"命令进行描边，参数设定参见图 5-43。

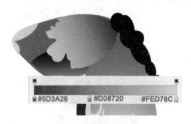 

图 5-42　钢笔画出选区　　　　　　　　　　图 5-43　描边

12. 用套索工具选择多出的部分并删除，此时效果如图 5-44 所示。

13. 采用同样的手法做其他的纹路，此时效果如图 5-45 所示。

图 5-44　删除多余部分　　　　　　　　　　图 5-45　其他纹路

14. 按 Ctrl+Shift+Alt+E 组合键盖印左边翅膀的所有图层，生成的图层重命名为"左翅"，复制左翅部分，使用"编辑"→"变换"→"水平翻转"命令进行翻转，并用移动工具将其移至对称的位置。使用"编辑"→"变换"→"旋转"命令将其旋转到合适的位置，此时效果如图 5-46 所示。

15. 新建图层命名为"躯干高光"。将前景色彩设定为：#F2C85A，用硬度为0的画笔抹出躯干的高光，此时效果如图5-47所示。

16. 新建图层命名为"眼睛"，画上眼睛与触角，效果如图5-48、图5-49所示。

17. 在最上面新建图层并命名为"光斑"，用白色的星光画笔点上光斑。选择渐变工具，使用径向渐变在背景层上绘制背景色，处理完成后效果如图5-50所示。

图 5-46　复制左翅生成右翅

图 5-47　躯干高光处理

图 5-48　眼睛

图 5-49　触角

图 5-50　最终效果图

【本章小结】

本章主要介绍矢量绘图工具的使用方法，钢笔工具绘图的技巧，路径与选区的相互关系。

通过本章学习，应掌握钢笔工具的绘图技巧，能使熟练用路径工具绘制矢量图形。

【课后练习】

使用适量工具制作卡通风格招贴，如图5-51所示。

图5-51　制作卡通风格招贴

第6章　通道

本章学习要点：
- 掌握通道的基本操作方法
- 掌握通道调色思路与技巧
- 熟练掌握通道抠图技巧

6.1 通道概述

通道是用于存储图像颜色信息和选区信息等不同类型信息的灰度图像。一个图像最多可以有 56 个通道。所有的新通道都具有与原始图像的尺寸和像素数目。如 RGB 模式的图像由红色、绿色和蓝色 3 种不同的原色组成，而用来记录这些原色信息的对象就是通道。新建一个图像时，将自动创建颜色信息通道，图像的颜色模式决定了通道的数目。在 Photoshop 中，只要是支持图像颜色模式的格式，都可以保留"颜色"通道；如果要保存 Alpha 通道，可以将文件存储为 PDF、TIFF、PSB 或 Raw 格式；如果要保存声色通道，可以将文件存储为 DCS 2.0 格式。在 Photoshop 中包含 3 种类型的通道：颜色通道、Alpha 通道和专色通道，示例如图 6-1 所示。

图6-1　通道示例

6.1.1 通道分类

通道作为图像的组成部分，与图像的格式密切相关。图像的颜色、格式决定了通道的数量和模式。

Photoshop CS6 中涉及的通道主要有以下 3 种。

1. "颜色"通道

"颜色"通道就像是摄影胶片，它们记录了图像内容和颜色信息。图像的颜色模式不同，"颜色"通道的数量也不相同。RGB 图像包含红、绿、蓝和一个用于编辑图像内容的复合通道；CMYK 图像包含青色、洋红、黄色、黑色和一个复合通道；Lab 图像包含明度、a、b 和一个复合通道；灰度和位图图像只有一个通道。

2. "Alpha"通道

"Alpha"通道与选区有着密切的关系，其可以创建从黑到白共 256 级灰度色。"Alpha"通道中纯白色区域为选区，纯黑色区域为非选区，而灰色区域为羽化选区。通道不仅可以转换为选区，也可以将选区保存为通道。

3. "专色"通道

"专色"通道（专色油墨）是指一种预先混合好的特定彩色油墨，补充印刷色（CMYK）油墨，如明亮的橙色、绿色、荧光色、金属银色、烫金版、凹凸版、局部光油版等。"专色"通道用于印刷出片时出专色版。

6.1.2　"通道"面板

执行菜单中的"窗口"➜"通道"命令，调出"通道"面板，如图 6-2 所示。

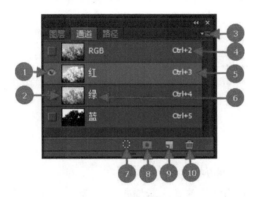

图 6-2　"通道"面板

①眼睛图标：用于显示或隐藏当前图标。

②通道缩略图：在通道名称左侧有一个通道缩略图，显示该通道的内容。

③弹出菜单按钮：单击该按钮会弹出如图 6-3 所示的快捷菜单，从中可以选择相应的菜单命令进行操作。

④快捷键：使用快捷键可以快速选中某个通道。

⑤当前通道：当前选中的通道即当前通道，图像中显示这一通道的整体效果。

⑥通道名称：显示对应通道的名称。

⑦将通道作为选区载入：单击此按钮，可以将通道中的内容转换为选区范围。

图 6-3　"通道"弹出菜单

⑧将选区存储为通道：单击此按钮，可以将当前图像中的选取范围转换为一个蒙版，保存到一个新的"Alpha"通道中。

⑨创建新通道：单击此按钮，可以新建"Alpha"通道。

⑩删除当前通道：单击此按钮，可以删除当前通道。

6.2 通道常用操作

对通道的操作主要包括：新建通道、复制通道、删除通道、将通道作为选区载入和将选区存储为通道。

6.2.1 新建通道

新建"Alpha"通道主要使用以下两种方法。

方法一：单击"通道"面板下方的![按钮]按钮。

方法二：单击"通道"面板右上角的弹出菜单按钮![图标]，在弹出的快捷菜单中选择"新建通道"命令，弹出如图 6-4 所示的"新建通道"对话框。该对话框主要选项的含义如下。

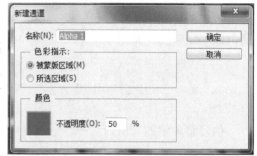

图6-4 "新建通道"对话框

- 名称：用于输入新通道的名称。
- 色彩指示：用于设置色彩的显示方式，如果选中"被蒙版区域"，则新建通道中黑色区域代表蒙版区，白色区域代表保存的选区，如果选中"所选区域"则刚好相反。
- 颜色：用于设置填充的颜色，在"不透明度"文本框中可以设置不透明度的百分比。

6.2.2 复制通道

复制通道主要使用以下三种方法。

方法一：单击选择需复制的通道，然后拖动鼠标至"通道"面板下方的![按钮]按钮。

方法二：在需要复制的通道上右击，然后在弹出的快捷菜单中选择"复制通道"命令，弹出如图 6-5 所示的"复制通道"对话框。在文本框中输入复制后通道的名称，最后单击"确定"按扭。

图6-5 "复制通道"对话框

方法三：单击选择需复制的通道，然后单击"通道"面板右上角的弹出菜单按钮![图标]，在弹出的快捷菜单中选择"复制通道"命令,同样弹出如图 6-5 所示的"复制通道"对话框,设置完成后单击"确定"按扭。

6.2.3 删除通道

删除通道同样主要使用以下三种方法。

方法一:单击选择需删除的通道,然后拖动鼠标至"通道"面板下方的🗑按钮。

方法二:在需要删除的通道上右击,然后在弹出的快捷菜单中选择"删除通道"命令。

方法三:单击选择需删除的通道,然后单击"通道"面板右上角的弹出菜单按钮▼≡,在弹出的快捷菜单中选择"删除通道"命令。

6.2.4 将选区存储为通道

将选区存储为通道主要使用以下两种方法。

方法一:在"通道"面板中选择某个通道,然后单击"通道"面板下方的🔳按钮。

方法二:执行菜单中的"选择"→"存储选区"命令,弹出如图 6-6 所示的对话框。该对话框主要选项的含义如下。

图 6-6 "存储选区"对话框

- 文档:用于选择选区所要保存的目标文件。
- 通道:用于选择选区所要保存的通道位置。
- 名称:如果选区保存到新通道中,则在此处输入新通道的名称。

- 新建通道:用于创建一个新的通道。如果"通道"下拉列表框中选择一个已经存在的"Alpha"通道,则"新建通道"选项将转换为"替换通道"选项,选中该按钮,则可用当前选区生成的新通道替换所选的通道。
- 添加到通道:该选项只有在"通道"下拉列表框中选择一个已经存在的"Alpha"通道时才可以使用。选中该选项,表示在原通道的基础上添加当前选区所定义的通道。
- 从通道中减去:该选项只有在"通道"下拉列表框中选择一个已经存在的"Alpha"通道时才可以使用。选中该选项,表示在原通道的基础上减去当前选区所定义的通道。
- 与通道交叉:该选项只有在"通道"下拉列表框中选择一个已经存在的"Alpha"通道时才可以使用。选中该选项,表示将原通道与当前选区的重叠部分创建为新通道。

6.2.5 将通道作为选区载入

将通道作为选区载入主要使用以下三种方法。

方法一:按住键盘上 Ctrl 键的同时在"通道"面板中单击某个通道。

方法二:单击"通道"面板下方的▦按钮。

方法三:执行菜单中的"选择"→"载入选区"命令,弹出图 6-7 所示的对话框。该对话框主要选项的含义和"存储选区"对话框的含义相同。

图 6-7 "载入选区"对话框

6.3 通道案例分析

6.3.1 案例1：利用通道抠图

通道是非常强大的抠图工具，通过它可以将选区存储为灰度图像，再使用各种绘画工具、选择工具和滤镜来编辑通道，从而抠出精确的图像。由于可以使用许多重要的功能编辑通道，在通道中对选区进行操作时，就要求操作者具备融会贯通的能力。该案例的原图和效果图如图 6-8 所示。

（a）原图　　　　　　　　　　　　　　　（b）效果图

图6-8　案例1的原图和效果图

【操作步骤】

1. 打开素材文件，如 6-8（a）所示。

2. 切换到"通道"面板，挑选背景色和女孩色差差异比较大的"绿色"通道复制出一个新的"绿 副本"通道，此时的"通道"面板如图 6-9 所示。

图 6-9　"通道"面板

3. 选中"绿 副本"通道，执行"图像"→"调整"→"曲线"命令，弹出"曲线"对话框，如图 6-10 所示。调整图像色调，效果如图 6-11 所示。

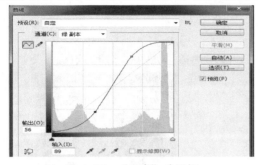

图 6-10 "曲线"对话框　　　　　　　　　　图 6-11 "曲线"调整效果

4. 设置背景色为黑色，使用"橡皮擦"工具将人物中间部分填充为黑色，效果如图 6-12 所示。

5. 按住 Ctrl 键同时单击"绿 副本"通道，执行"选择"→"反向"命令，将人物作为选区载入。

6. 回到 RGB 通道，复制图像中的选区部分，切换到"图层"面板，单击按钮新建"图层 1"，然后粘贴刚复制的内容，隐藏背景图层，效果如图 6-13 所示。

图 6-12 使用"橡皮擦"工具后效果　　　　图 6-13 隐藏背景图层后的效果

7. 设置背景色为白色，使用"橡皮擦"工具擦除人物左侧多余的文字。

8. 单击按钮新建"图层 2"，调整"图层 2"至"图层 1"的下方，自行使用渐变工具填充该图层颜色作为背景，效果如图 6-14 所示。

9. 选中"图层 1"，执行"图层"→"修边"→"移去白色杂边"命令，对人物边缘做适当调整，最终效果如图 6-8（b）所示。

图 6-14 设置图层2颜色后的效果

6.3.2 案例2：使用通道校正偏色图像

本案例使用通道校正偏色图像，原图如图6-16所示。

【操作步骤】

1. 打开素材，然后在"通道"面板中选择"红"通道，如图6-17所示。

图6-16 原图　　　　　　　　　　　　　　　图6-17 选择红通道

2. 执行"图像"→"调整"→"曲线"命令，适当提亮曲线，如图6-18所示，此时红色成分增加，图像偏紫了一些，如图6-19所示。

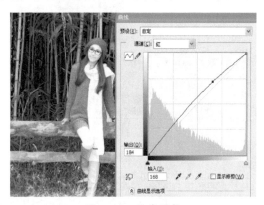

图6-18 曲线调整　　　　　　　　　　　　　图6-19 调整后效果

3. 继续选择"蓝"通道，并显示出RGB复合通道，在"蓝"通道上进行适当压暗，如图6-20所示。降低蓝色在图像中的比例，效果如图6-21所示。

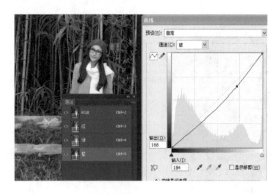

图6-20 曲线调整　　　　　　　　　　　　　图6-21 调整后效果

4. 按 Ctrl+2 组合键选择复合通道并回到"图层"面板。由于原图饱和度较低，创建一个"自然饱和度"调整图层，设置"自然饱和度"为 51，如图 6-22 所示。

5. 再次创建一个"亮度 / 对比度"调整图层，设置"对比度"为 36，此时图像颜色恢复正常，效果如图 6-23 所示。

图 6-22　自然饱和度调整

图 6-23　亮度/对比度调整

6.3.3 案例3：使用通道抠出半透明区域

本案例为使用通道抠出半透明区域。

【操作步骤】

1. 打开素材，导入天空素材，隐藏背景图层如图 6-24 所示。

图 6-24　隐藏背景

2. 从天空中抠出云朵。打开"通道"面板，可以看到"红"通道中云朵颜色与背景颜色相差最大，复制红通道如图 6-25 所示。

3. 为了选出云朵部分，需要增大通道中云朵与背景色的差距。按 Ctrl+M 组合键，选择黑色吸管，在视图中多次吸取背景颜色，使背景颜色更黑如图 6-26 所示。

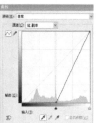

图 6-25　复制通道　　　　　　　　　　图 6-26　设置黑场

4.使用减淡工具，在选项栏中设置范围为"高光"，曝光度为"50%"，用减淡画笔在云朵上面进行涂抹，使云朵减淡如图6-27所示。然后按住Ctrl键，单击红通道副本，出现云朵选区如图6-28所示。

图6-27 用减淡工具后的效果　　　　　　　　　图6-28 创建选区

5.回到"图层"面板，为天空图层增加一个图层蒙版如图6-29所示。

6.显示背景图层，调整云朵大小和位置，并用黑色画笔涂抹云朵遮盖人像部分，最后效果如图6-30所示。

图6-29 添加蒙版　　　　　　　　　　　　图6-30 最后效果

6.3.4 案例4：利用通道制作可爱奶牛花纹字效

本实例完成可爱奶牛花纹字效的制作，如图6-31所示。

图6-31 奶牛花纹字效

【操作步骤】

1.打开素材文件，如图6-32所示。

图6-32 素材文件

2. 切换到"通道"面板，单击"通道"面板下方的按钮新建一个"Alpha1"通道；选择"横排文字工具" T 横排文字工具，再选择合适的字体和大小，输入文字"ABC"，如图 6-33 所示。

3. 单击选中 Alpha1 通道，拖动鼠标至"通道"面板下方的按钮，复制出"Alpha1 副本"通道；执行"滤镜"→"滤镜库"→"艺术效果"→"塑料包装"命令，参数设置（高光强度 10、细节 7、平滑度 15）如图 6-34 所示，效果如图 6-35 所示。

图 6-33 "Alpha 1"通道中的文字

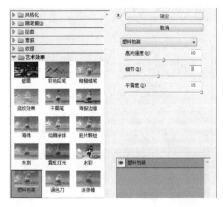

图 6-34 "塑料包装"滤镜参数设置

图 6-35 "塑料包装"滤镜效果

4. 按住 Ctrl 键同时单击"Alpha1 副本"通道，将"Alpha1 副本"通道作为选区载入。切换到"图层"面板，单击按钮新建"图层 1"，设置前景色为白色，按 Alt+Delete 组合键将选区填充为白色，效果如图 6-36 所示。

图 6-36 图层1中文字效果

5. 切换到"通道"面板，按住 Ctrl 键同时单击"Alpha1"通道，将"Alpha1"通道作为选区载入。执行"选择"→"修改"→"扩展"，扩展 10 个像素。切换到"图层"面板，再单击"图层"面板下方的  按钮，为图层 1 创建图层蒙版，效果如图 6-37 所示。

图 6-37 创建图层蒙版

6. 双击"图层 1"，打开"图层样式"对话框，勾选"投影"样式，参数设置（角度设置 90 度，距离 44、扩展 0、大小 18，其余保持默认），如图 6-38 所示，效果如图 6-39 所示。

图 6-38 "投影"图层样式参数设置

图 6-39 "投影"效果

7. 在"图层样式"对话框中继续勾选"斜面和浮雕"图层样式，参数设置（大小 38、软化 3、角度 60 度、高度 65 度，其余保持默认）如图 6-40 所示，效果如图 6-41 所示。

图 6-40 "斜面和浮雕"图层样式参数设置

8. 开始创建奶牛花纹，新建"图层 2"，按住 Shift 键的同时使用椭圆选框工具

椭圆选框工具 创建圆形选区，使用黑色填充，效果如图 6-42 所示。

图 6-41 "斜面和浮雕"效果　　　　　　　图 6-42 单个黑色圆形

9. 多次复制"图层 2"，进行适当的大小和位置调整，产生如图 6-43 所示效果。

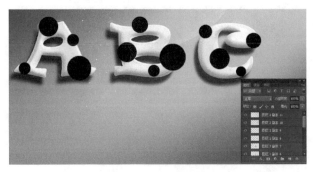

图 6-43 多个黑色圆形

10. 隐藏"背景"图层和图层 1，按 Ctrl+Alt+Shift+E 组合键盖印黑色圆形图层，命名图层为"牛奶花纹"。

11. 对"奶牛花纹"图层执行"滤镜"→"扭曲"→"波浪"命令，在打开的"波浪"对话框中对圆点中进行设置，参数设置（生成器数为 1，波长最大为 130，其他保持默认）如图 6-44 所示，效果如图 6-45 所示。

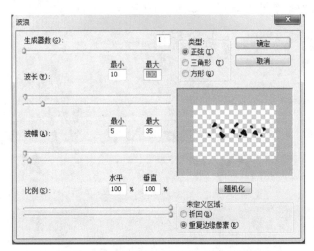

图 6-44 "波浪"对话框滤镜参数设置

图 6-45　"波浪"滤镜效果

12.将"奶牛花纹"图层移至文字图层"图层 1"的上方，右击，在弹出的快捷菜单中选择"创建剪贴蒙版"命令，将花纹显示在文字选区内，最终效果如图 6-46 所示。

图 6-46　最终效果

【本章小结】

本章主要介绍了通道原理、通道的类型、通道操作和通道的应用。

通过本章学习，应理解通道的原理，掌握通道基本操作，能使用通道进行偏色调整、抠取半透明对象和缝隙较多的对象。

【课后练习】

使用通道抠图法为婚纱照换背景，如图 6-47 所示。

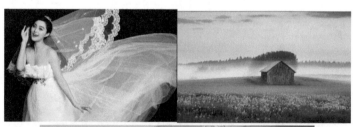

图6-47　婚纱照换背景

实践篇

Photoshop CC
图文设计案例教程

第 7 章 广告标志设计

本章学习要点：
- 了解标志设计的相关知识
- 掌握标志设计的基本原则
- 掌握标志设计的流程

7.1 标志设计基础

1. 标志的定义

标志是表明事物特征的记号，具有象征功能和识别功能，是企业形象、特征、信誉和文化的浓缩。标志的风格类型主要有几何型、自然型、动物型、汉字型、字母型和花木型等。标志主要包括商标、徽标和公共标志。按内容分类又可以分为商业性标志和非商业性标志。

2. 标志的类型

标志按表现形式可分为文字标志、图形标志和图文结合标志。

- 文字标志：文字标志可以直接用中文、外文或汉语拼音构成，还可以用汉语拼音或外文单词的字首进行组合，示例标志如图 7-1 所示。

图 7-1　文字标志示例

- 图形标志：通过几何图案或象形图案来表示标志。图形标志可以分为 3 种，即具象图形标志、抽象图形标志、具象与抽象相结合的标志，示例标志如图 7-2 所示。

图 7-2　图形标志示例

- 图文结合标志：这种标志集中了文字标志和图形标志的长处，克服了两者的不足，示例标志如图 7-3 所示。

图 7-3 图文结合标志示例

3. 标志的特点

一个要成功具备塑造品牌形象功能的标志必须具备以下几个特点。

- 准确的理念：通过视觉形象传达思想，运用象征性、图形化、人性化符号去引导大众，获取清晰的理念感受。无论是抽象图形还是具象符号，均应该把准确表达标志理念始终放在第一位，而且内容与形式必须在标志的理念中协调统一。

- 记忆与识别：标志的记忆性在很大程度上取决于符号的筛选和贴切表达的结果。识别性是由标志创意特征所决定的，在强化共性的同时，仅标志识别而言，突出理念与个性尤为重要，否则它不会强化人们的记忆。

- 视觉美感：标志的视觉美感随时代变化而升华，它源于人类文化现象及意识形态的转变，并体现着世界标志多元化所带来的视觉时尚源流，体现着国家、民族、历史、传统、地域及文化特征上，在更大程度上决定了人们的审美特点。示例如图 7-4 所示。

图7-4 标志视觉美感

4. 标志设计基本原则

（1）构思深刻、构图简捷

在设计中要体现构思的巧妙，把所想到的构图以较为简捷生动、以单纯凝练的形式表达出来，从而体现匠心独运、耐人寻味的效果。简捷、概括不等于简单，形简而内涵丰富是简单的升华。

（2）新颖别致、独具一格

标志应具备自身的特色，避免与其他标志雷同（雷同的商标还会引起法律纠纷），更不能模仿他人的设计。

（3）形象生动、易于识别

标志是以生动的造型图形构成视觉语言，力求生动，有较强的个性，避免自然形态的简单再现。在设计时使用夸张、重复、节奏、象征、寓意和抽象的方法，才能达到易于识别，便于记忆的效果。

5. 标志设计的一般流程

最基本设计思维流程是这样的。

①发现问题／需求：A1. 发现并定义设计问题→A1.1. 发现的问题是否有价值？是否能用视觉形式来强化发展并减少甚至解决这个问题？（如果无法达到，则回到A1重新定义问题）→A2. 找出产生这个问题的原因所在→A3. 确定品牌的受众群体。

②创意阶段：B1. 开始各个方向进行调研，包括B1.1. 收集大量数据→B1.2. 筛选有价值数据→B1.3. 收集与品牌或设计问题相关联的视觉→B2. 强化设计问题→B3. 确定设计目标→B4. 确定渠道的分配→B5. 所确定的渠道是否有效传播？

③视觉表现阶段：C1. 平面视觉原型设计→C2. 在目标受众中进行测试→C3. 该视觉原型是否合适于受众？→C4. 在小范围市场中进行测试→C5. 这个测试是否成功？→C6. 再次评估设计原型的可行性。

④评估与输出阶段：D1. 全方位输出投放→D2. 影响力测评→D3. 根据市场反馈进行相应调整。

7.2 产品标志设计

标志分为企业标志和产品标志两种。企业标志即从事生产经营活动的实体的标志，产品标志即企业所生产的产品的标志，又叫商标。

产品标志设计的目的是：

①方便寻找。产品按规律摆放，且标志清楚正确，方便我们查找产品，减少因寻找而浪费大量时间。

②便于识别，防止误用、混用。产品标志不正确会导致不同类别、不同型号、不同检验状态的产品混用、误用。

③防止漏工序。如果转序工序标志错误，生产时会发生漏工序现象，造成用户无法装配，或严重影响产品的使用性能。

⑤便于生产数据的控制。假如库存物料或者在制品物料名称或数量标志错误，会导致数据失真，误导排产，延误货期。

图7-5 "浩爱"母婴用品产品标志

以下以"浩爱"母婴用品产品标志设计（见图7-5）为例进行说明。

1. 创意说明

- 创意立足母婴用品销售行业特征，紧扣"浩爱"的名称内涵，定位准确，生动传神，便于记忆。
- 采用受众熟悉且象征福气、福运的"鹿"形象为契机，捕捉母鹿亲吻幼鹿的生动富有情趣的典型形象，又表现母亲提携孩子的呵护姿态，构思巧妙，含义双关。造型高度概括、简约、自然，格调高雅、赏心悦目，深刻地诠释出品牌名称"浩爱"的内涵。
- 外观像一只雪亮的眼睛，喻意母亲同时对宝宝内心世界成长的关爱，悉心引导宝宝看世界。
- 运用蓝色为底，亮黄与草绿渐变为主色，柔美之意境，悦目舒畅的美感尽收眼底。

● 标志整体内涵丰富、造型简洁、形象直观，具有很强的识别度和亲和力，没有任何烦琐多余的笔调，给人以柔和、舒畅和愉悦的美感，从具象中体现出抽象，又从抽象中完美具象，恰到好处地把母爱美演化为艺术美。

"浩爱"母婴用品产品标志创意图解如图 7-6 所示。

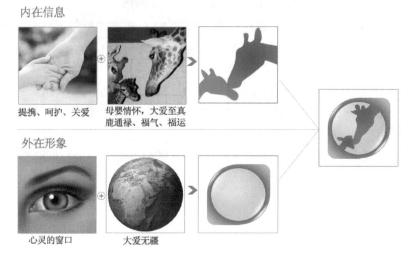

图 7-6 "浩爱"母婴用品产品标志创意图解

2. 简要步骤

（1）新建文档，设置名称为：绘制产品标志，宽度为 600 像素，高度为 600 像素，分辨率为 72，模式为 RGB 颜色，背景颜色为白色的文档。

（2）执行"视图"→"新建参考线"命令，打开"新建参考线"对话框如图 7-7 所示。分别在水平方向和垂直方向各新建三条"150 像素"、"300 像素"和"450 像素"的参考线，如图 7-8 所示。执行"视图"→"锁定参考线"命令锁定参考线，以免被误拖动。

（3）新建图层，命名为"基础圆"。选择椭圆选框工具 ，在属性栏上设置样式为"固定大小"、宽度高度都为"300 像素" 样式: 固定大小 宽度: 300像 高度: 300像 。在参考线的左上角交叉点单击，创建圆形选区，并填充为黑色，如图 7-9 所示。

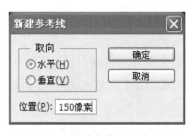

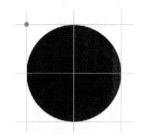

图 7-7 "新建参考线"对话框　　　　图 7-8 参考线　　　　图 7-9 创建基础图

（4）新建图层，重命名为"边角"，设置前景色为红色。选择圆角矩形工具 ，在属性栏上设置绘图模式为"像素" 。在工作区中双击，在弹出的"创建圆角矩形"对话框中设置图形大小，如图 7-10 所示。单击"确定"按钮创建圆角矩形，并调整位置，如图 7-11 所示。复制"边角"图层，并调整位置，如图 7-12 所示。

图 7-10 "创建圆角矩形"对话框

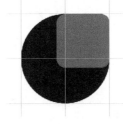
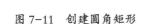

图 7-11 创建圆角矩形

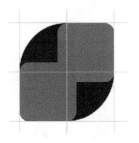

图 7-12 复制边角

（5）隐藏"背景"图层，按 Ctrl+Shift+Alt+E 组合键盖印可见图层，将新生成的图层命名为"眼睛形状"，如图 7-13 所示。

（6）选择渐变填充工具，在属性栏上双击，打开"渐变编辑器"对话框。选择前景色到背景渐变，将渐变色设置为"#043c7f""#06d4f9"，如图 7-14 所示。选择"径向渐变"模式，按住 Ctrl 键单击"眼睛形状"缩略图创建选区，并以圆心为起点，沿对角线拉动填充选区，如图 7-15 所示。

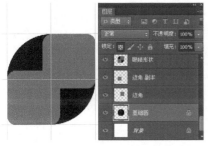

图 7-13 "眼睛形状"图层

图 7-14 "渐变编辑器"对话框

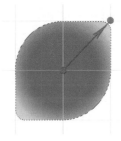

图 7-15 填充选区

（7）新建图层，重命名为"高光区域"。按 Ctrl 键单击"基础圆"缩略图创建选区。执行"选择"→"修改"→"收缩"命令，收缩 2 个像素，如图 7-16 所示。将前景色设置为白色，选择渐变工具，打开"渐变编辑器"对话框，选择"前景色到透明渐变"。再选择"线性渐变"模式 ，在选区的左上角和右下角拖动，产生高光，如图 7-17 所示。

（8）新建图层，重命名为"眼球"。选择椭圆选框工具 ，在属性栏上设置样式为"固定大小"、宽度高度都为"260 像素"。按 Shift+Alt 组合键在参考线中心点单击，如图 7-18 所示，创建圆形选区，并填充为红色。

图 7-16 收缩操作

图 7-17 线性渐变

图 7-18 圆形选区

（9）双击"眼球"图层，打开"图层样式"对话框。添加"渐变叠加"图层样式，双击"渐变"选项，在打开的"渐变编辑器"对话框中渐变颜色设为"#ecf3a4"到"#9af52e"，"样式"为"径向"渐变，并将渐变中心拖动到左上角，如图 7-19 所示。

图7-19 "眼球"图层设置

（10）继续添加"斜面和浮雕"图层样式，设置"样式"为"描边浮雕"，方向向"上"，大小为"9像素"，软化"1像素"，如图7-20所示。

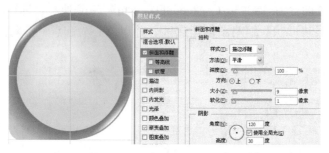

图7-20 "斜面和浮雕"图层样式设置

（11）继续添加"内发光"图层样式，设置内发光颜色为"白色"，大小为"5像素"，如图7-21所示。

图7-21 "内发光"图层样式设置

（12）新建图层，重命名为"眼球高光区域"。采用与制作高光区域相同的方式制作眼球高光区域，如图7-22所示。

（13）打开"长颈鹿.jpg"，将图片拖到当前文档，用钢笔工具绘制出母鹿的轮廓，如图7-23所示。打开"路径"面板，双击当前路径，保存为"母鹿"路径。在"路径"面板中新建路径重命名为"小鹿"，用钢笔工具绘制出小鹿轮廓，如图7-24所示。

（14）隐藏长颈鹿，在"路径"面板中选择"母鹿"路径，按Ctrl+Enter组合键创建选区。回到"图层"面板，新建图层重命名为"母鹿"。选择渐变工具，用径向渐变方式，填充母鹿选区。

（15）在"路径"面板中选择"小鹿"路径，按Ctrl+Enter组合键创建选区。回到"图层"面板，新建图层并重命名为"小鹿"，选择渐变工具，用径向渐变方式，填充小鹿选区，如图7-25所示。

图 7-22　眼球高光区域设置

图 7-23　母鹿轮廓

图 7-24　小鹿轮廓

（16）如图 7-26 所示调整母鹿和小鹿的相对位置和大小。按住 Ctrl 键再单击眼球图层缩略图，创建选区，按 Shift+Ctrl+I 组合键反向选择，选择"母鹿"图层，按 Delete 键删除多余部分。选择"小鹿"图层，按 Delete 键删除多余部分，效果如图 7-27 所示。

图 7-25　填充母鹿和小鹿

图 7-26　调整母鹿和小鹿的位置和大小

图 7-27　效果图

（17）双击"母鹿"图层，打开"图层样式"对话框。添加白色到透明的渐变描边效果，参数设置如图 7-28 所示。用同样的方法为小鹿描边，参数设置如图 7-29 所示。单击"确定"按钮标志设计完成。

图 7-28　"母鹿"图层样式调整

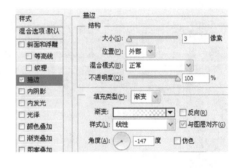
图7-29　"小鹿"图层样式调整

7.3 企业标志设计

1. 创意说明

标志是一个企业或集团的名称与代表。具有特殊性与代表性的标志是每个企业的象征与展示。大众汽车公司的德文 Volks Wagenwerk，意为大众使用的汽车，标志中的 VW 为公司全称中头一个字母。标志像由三个用中指和食指做出的"V"组成，表示大众公司及其产品"必胜—必胜—必胜"。大众商标简捷、鲜明、引人入胜，令人过目不忘。接下来学习制作本实例标志的具体操作过程，最终效果如图 7-30 所示。

图 7-30　企业标志最终效果图

2. 简要步骤

（1）新建文档，设置名称为：绘制大众汽车标志，宽度为 600 像素，高度为 600 像素，分辨率为 72，模式为 RGB 颜色的文档。

（2）显示标尺，并新建 300 像素的水平、垂直参考线。

（3）新建图层 1，在工具箱中选择椭圆选框工具，按住 Alt+Shift 组合健，在工作区中以十字架中点为中心，拖出一个椭圆选区。

（4）设置前景色的 RGB 值分别为 132、185、235，设置背景色的 RGB 值分别为 0、46、107，如图 7-31 所示，并按快捷键 Ctrl+Delete 填充图层 1 的选区，如图 7-32 所示。

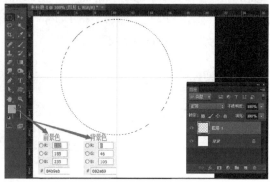

图 7-31 设置前景色和背景色 　　　　　　　图 7-32 填充图层1

（5）新建图层 2（不要取消选区），选择工具箱中的渐变工具（径向渐变），单击"可编辑渐变"，弹出"渐变编辑器"对话框。设置前景色到透明，设置 A 处的色彩 RGB 为 97、142、203，单击"确定"按钮，如图 7-33 所示。然后从选区的左上方往右下方拖动，取消选区，如图 7-34 所示。

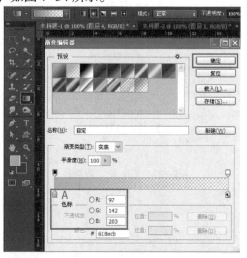

图 7-33 "渐变编辑器"对话框 　　　　　　图 7-34 从左上方到右下方拖动

（6）新建图层 3，在工具箱中选择椭圆选框工具，在工作区中拖出一个椭圆选区，与刚才的椭圆同圆心，如图 7-35 所示。

（7）选择"编辑"➔"描边"命令，设置描边宽度为 12px，颜色为白色，然后取消选区，如图 7-36 所示。

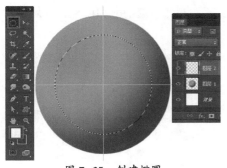
图 7-35 创建椭圆

图 7-36 描边

（8）多添加几根参考线作为基准，新建图层4，再用钢笔工具（路径），画出一个大众汽车标志的形状，如图 7-37 所示。按快捷键 Ctrl+Enter 将其转换为选区，设置前景色为白色，按快捷键 Alt+Delete 填充选区，如图 7-38 所示，取消选区，效果如图 7-39 所示。

图 7-37 大众汽车标志形状

图 7-38 设置前景色并填充

图 7-39 取消选区后效果图

（9）将图层 3 和图层 4 合并。

（10）设置图层 4 的图层样式，打开"图层样式"对话框。分别勾选投影、内阴影、渐变叠加选项，设置图层样式各项的值，参考下面的设置值，如图 7-40 ～图 7-42 所示，然后单击"确定"按钮，效果如图 7-43 所示。

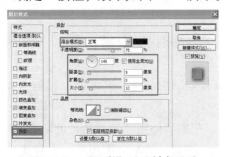
图 7-40 "投影"图层样式设置

图 7-41 "内阴影"图层样式设置

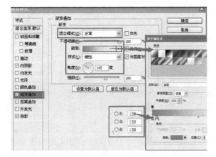
图 7-42 "渐变叠加"图层样式设置图

图7-43 图层样式设置后效果图

（11）新建一个图层 5，再用钢笔工具，画出一个不规则的形状，如图 7-44 所示。按快捷键 Ctrl+Enter 将其转换为选区，设置前景色为白色，再按快捷键 Alt+Delete 填充，取消选区。

（12）设置图层 5 的图层混合模式为"柔光"，调低不透明度和填充，效果如图 7-45 所示。

图 7-44　不规则形状

图 7-45　图层5的图层设置

【本章小结】

本章主要介绍标志的设计原则、设计方法以及标志设计流程（见图 7-46）。通过本章学习，要求能使用矢量图工具设计美观大方的标志。

图7-46　标志设计流程

【课后练习】

为某儿童服装品牌"棒棒堂"设计 Logo。

要求：

1）设计应体现儿童服装的文化特点，突出服饰品牌元素，突出"棒棒堂"这个词的内涵。

2）作品应构思精巧，简洁明快，色彩协调，有独特的创意，易懂、易记、易识别，便于记忆传播。

3）有强烈的视觉冲击力和直观的整体美感，有较强的思想性、艺术性、感染力和时代感。经典耐看，风格鲜明。

4）以大气大方为主，寓意深刻，具有较大的适用范围和使用延伸，并且可注册使用。

5）该标志将应用于办公室形象墙、名片、胸牌、信封、信纸、手提袋、文件夹、合同纸封面、合同纸内页、画册、宣传单等，请考虑通用性要求。

6）商标将用到服装标签上，所以以简洁、美观、富有朝气为主。

第 8 章 广告文字设计

本章学习要点：

- 掌握文字设计原则
- 了解文字设计要求
- 掌握文字设计流程
- 掌握五彩文字、变形文字、立体文字的制作与合成

8.1 文字设计原则

文字在广告设计中占有重要的地位，相对于图形来说它是广告信息传递最直接的方式。而图形则是象征的、间接的广告信息传达方式。我们可以见到完全以文字来构成的广告，而从未见到过只以图形来表现的广告。

1. 字体的选择

（1）注目性

广告字体应能引起消费者的注意，示例如图8-1所示。

①根据设计要求选择字体。选择字体时，不能仅仅为突出字体而选择字体。字体的种类、大小、轻重、繁简等要服从整个广告设计的需要。选择字体时，应着眼于那些富有表现力的字体。而突出插图的广告设计，文字处于从属、补充地位，起着衬托插图、加强对比的作用，所以最好选择比较朴实或中性的字体。

图8-1 广告文字设计示例

②从主题内容出发选择字体。字体能使人产生联想，因此，在选择应用时要注意内容与字体在造型上包含或象征的意义相吻合，宣传现代产品不要选择古老烦琐的字体。

③注意字体的和谐。在广告画面中往往有两种或两种以上的字体同时存在。因此，在选择字体时应注意不同字体之间的和谐。一般情况下，一幅广告中的字体不易太多，以免造成纷乱的感觉。

（2）广告用字需规范

文字是传达广告内容的重要手段。若所用的字缺乏规范，就可能使人错误地理解广告内容或者根本看不懂。

2.字体的运用

（1）装饰文字的运用

装饰文字是在印刷字体标准、规范的基础上，加上适当的艺术化处理，使文字的字体显得更艺术、美观和生动，同时在装饰变化的过程中，可以使文字的造型与广告的内容更加吻合。但由于装饰字体在装饰变化的过程中有可能使字体的可读性降低，所以装饰字体多用于广告标题、广告语的文字使用，而很难用于正文的文字。值得注意的是，装饰字体的变化，在印刷体的基础上，必须与广告内容紧密结合。装饰文字运用示例如图8-2所示。

图8-2　装饰文字运用示例

（2）书法字体的运用

书法字体比装饰字体更具有艺术性和生动性。不同民族由于书写习惯和书写方式以及书写工具的不同，从书法字体中所体现的民族性是十分明显的。因此，书法字体，对于一些有特别意义和特殊风格的广告内容，也是很适用的。如宣传民族文化、地方土特产品，具有民族特色和传统优势的产品，以及文化、艺术、书画展览的广告，利用书法字体来表现就极其恰当。

书法字体作为广告文字的运用，其最大的不足之处就在于可读性上的缺陷。克服的方法是，可以选用一些可读性高的书法字体或与印刷体有效结合。书法字体运用示例如图8-3所示。

图8-3　书法字体运用示例

（3）字图的组合运用

以图形为主的广告，字体在视觉效果上就应服从于图形，处于从属的地位。字、图要互相穿插重叠，有机地结合成一个整体，从而加强广告画面统一的视觉效果；如果以字体为主的广告，字体处于主导地位，人物或商品形象处于从属地位时，就应该注意字体的排列以及图形位置的安排。字图组合运用示例如图8-4所示。

图8-4　字图组合运用示例

（4）字体对比组合的运用

字体的对比组合，更能产生强烈的广告效果，更能引人注目。字体的对比主要包括：风格各异字体对比、大小不同的字体对比、笔画粗细字体的对比等。

平面广告设计为追求画面字体的对比效果，有时采用风格各异的字体，如粗壮的黑体与秀丽的宋体结合，或龙飞凤舞的草书同规范整齐的印刷字体结合，同时出现在一幅广告画面以内。这种情况下，一定要把握住两种字体之间的对比程度和主次关系，切不可两种不同风格的字平分秋色。

另外，广告构成因素中也存在文字的明亮对比。文字的明度对比，一方面可利用文字的明度差来实现，但必须配合字体的风格对比和大小对比，另一方面，文字的明度对比还可以通过文字排列的疏密来实现。 字体对比组合运用示例如图8-5所示。

图8-5　字体对比组合运用示例

（5）字体和谐组合的运用

虽然对比的字体在广告文字设计中占有重要的地位，但和谐的字体组合，也能够产生愉悦的感觉，同样也是广告文字设计中必须考虑的。它可以是对比组合的辅助手段，也是控制画面整体效果不可缺少的，对于一些特殊的广告也可以作为单独的手段来运用。广告中和谐的字体组合主要包括：相似风格的字体组合、相同大小的字体组合、相同明度的字体组合。

广告画面设计中，为追求整体感，通常采用同一风格的字体组合，而加强文字大小和明度的对比变化，使其在整体和谐中层次清楚，主次突出。

字体大小和明度的和谐则主要针对一些具体要素的处理，如在同一个标题、同一个广告语和同一段正文中，就必须从字体的大小和明度上接近和谐，以达到同一内容在视觉传达上的整体感。字体和谐组合运用示例如图8-6所示。

（6）字体排列组合的运用

中国绘画构图讲究的是"密不透风，疏可跑马"。也就是说，该疏的疏、该密的密，使画面构成要素产生一种强烈的疏密对比，这条规律在广告的字体排列中同样适用。具体来讲，在广告各类文字之间应形成"集团"式的分组排列方式，标题、广告语和正文之间不要连在一起，应保持一定的距离和空间，形成一定的疏密变化，观看时主次分明，条理清楚。一般的情况是标题和广告语排列应疏一点，而正文的排列较密。

无论是字体的选择，还是字体的运用，都必须遵循"功能第一，形式第二"的原则。不能只顾盲目追求华美的表现形式，而减弱以至丧失文字传达信息的功能。字体排列组合运用示例如图8-7所示。

图8-7　字体排列组合运用示例

8.2 五彩文字设计

1. 创意说明

五彩文字的应用很广泛，接下来学习制作五彩文字的具体操作过程，这个设计效果放在很多地方都很漂亮，其中主要用到Photoshop中的图层样式、图层模式、色彩调整等，最终效果如图8-8所示。

图8-8　五彩文字最终效果图

2. 简要步骤

（1）新建文档，设置宽度为1000像素，高度为800像素，分辨率为72，模式为RGB颜色的文档。

（2）将背景层填充为黑色。

（3）输入文本，其字体及字号应适合画布，如图8-9所示。

图 8-9　输入文体

（4）双击该图层，弹出"图层样式"对话框。先做"渐变叠加"样式，渐变颜色从左至右的 RGB 数值分别为 #9ECAF0、#A5F99E、#F5B3F1、#F8AE97、#FAF18E、#9DF7FA，如图 8-10、图 8-11 所示。

图 8-10　"渐变叠加"样式设置

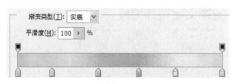

图 8-11　渐变颜色设置

（5）添加"光泽"图层样式，参数如图 8-12 所示，等高线自定义如图 8-13 所示。

图 8-12　"光泽"图层样式设置

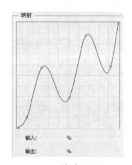

图 8-13　等高线自定义

（6）添加"内发光"图层样式。混合模式选择"强光"，参数设置如图 8-14 所示。

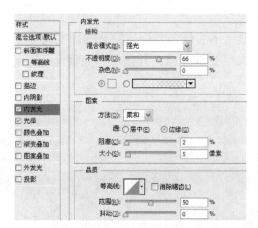

图 8-14　"内发光"图层样式设置

（7）添加"内阴影"图层样式。混合模式选择"亮光"，调整参数，参数设置如图 8-15所示，等高线自定义如图 8-16 所示。

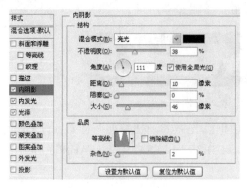

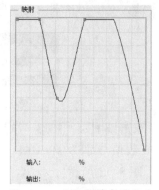

图 8-15　"内阴影"图层样式设置　　　　　图 8-16　内阴影等高线定义

（8）添加"斜面和浮雕"图层样式，给字体添加点光感，参数设置如图 8-17 所示。

（9）最后给字体加上光影效果——外发光，参数设置如图 8-18 所示。单击"确定"按钮。五彩文字设计完成。

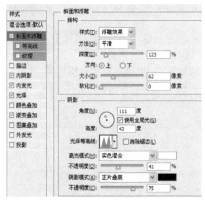

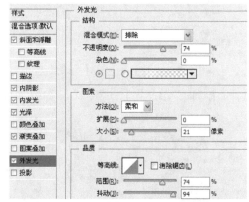

图 8-17　"斜面和浮雕"图层样式设置　　　　图 8-18　"外发光"图层样式设置

8.3 立体文字设计

1. 创意说明

立体文字的应用很广泛，本实例将利用自定义的图案制作立体乳酪文字效果，并且为其添加图层样式，从而使文字更加立体，并使用"亮度 / 对比度"命令调整图片，效果如图 8-19 所示。

图 8-19　立体文字最终效果图

2. 简要步骤

（1）新建文档，设置宽度和高度均为 200 像素，分辨率为 150，颜色模式为 RGB 颜色的文档。

（2）新建"图层 1"，将前景色设置为 R:251、G:242、B:183，按 Alt+Delete 组合键填充前景色。

（3）选择"椭圆选框工具"，在其选项栏中单击"添加到选区"按钮，在图像中绘制如图 8-20 所示的选区。

（4）按 Delete 键删除选区内的图像，在"图层"面板上单击"背景"图层缩略图前的"指示图层可见性"图标，将其隐藏，按 Ctrl+D 组合键取消选区。

（5）选择"编辑"→"图案"命令，弹出"图案名称"对话框，输入名称"乳酪图案"，单击"确定"按钮。

（6）新建文档，设置宽度为 20cm，高度为 12cm，分辨率为 150，颜色模式为 RGB。将前景色设置为黑色，选择工具箱中的"横排文字工具"，设置合适的文字，字体为黑体，大小为 120，在图像中输入文本，效果如图 8-21 所示。

图 8-20　绘制选区　　　　　　　　　　　　图 8-21　输入文本

（7）选择"文字"图层，单击"图层"面板上的"添加图层样式"按钮，在弹出的菜单中选择"描边"命令，弹出"图层样式"对话框。参数设置如图 8-22 所示，单击"确定"按钮。

（8）新建"图层 1"。按 Ctrl 键在"图层"面板上分别单击"图层 1"图层和"文字"图层，将其全部选中，按 Ctrl+E 组合键合并所选图层，得到"图层 1"图层。

（9）按 Ctrl 键单击"图层 1"图层缩略图，将其载入选区。在"图层"面板上单击"图层 1"图层缩略图前的"指示图层可见性"图标，将其隐藏，得到的文字效果如图 8-23 所示。

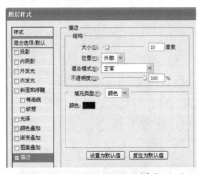

图 8-22　"描边"图层样式设置　　　　　　图 8-23　文字效果

（10）保持选区不变，单击"图层"面板上的"创建新的填充或调整图层"按钮，在弹出的菜单中选择"图案"命令，弹出"图案填充"对话框。选择步骤（5）定义的图案，然后单击"确定"按钮，具体设置如图 8-24 所示。

（11）新建"图层 2"，按 Ctrl 键在图层面板中分别单击"图层 2"图层和"图案填充 1"图层，将其全部选中。按 Ctrl+E 组合键合并所选图层，得到"图层 2"图层。

（12）将"图层2"图层拖曳至"图层"面板中的"创建新图层"按钮上，得到"图层2副本"图层。单击"图层2副本"图层前的"指示图层可见性"图标，将其隐藏。

（13）选择"图层2"图层，再选择"图像"→"调整"→"色相"→"饱和度"命令，弹出"色相/饱和度"对话框。设置相关参数如图8-25所示，设置完毕后单击"确定"按钮。

注意：先勾选着色，再设置参数数值。

图 8-24 "图案填充"对话框

图 8-25 "色相/饱和度"对话框

（14）选择"图层2"图层，按Ctrl+J组合键5次，复制图层。选择"图层2副本6"图层，再选择"移动工具"。按↓键两次，再按→键两次，选择"图像"→"调整"→"亮度/对比度"命令，弹出"亮度/对比度"对话框。设置完参数后单击"确定"按钮，参数设置如图8-26所示。

（15）选择"图层2副本5"图层，再选择工具箱中的"移动工具"。按↓键4次，再按→键4次，然后选择"图像"→"调整"→"亮度/对比度"命令，弹出"亮度/对比度"对话框。设置相关参数，然后单击"确定"按钮，参数设置如图8-27所示。

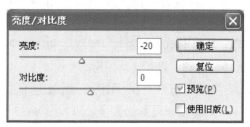

图 8-26 "亮度/对比度"对话框（1）

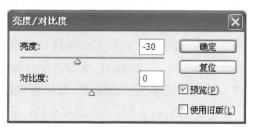

图 8-27 "亮度/对比度"对话框（2）

（16）选择"图层2副本4"图层，再选择工具箱中的"移动工具"。按↓键6次，再按→键6次，然后选择"图像"→"调整"→"亮度/对比度"命令，弹出"亮度/对比度"对话框。设置相关参数，然后单击"确定"按钮，参数设置如图8-28所示。

（17）选择"图层2副本3"图层，再选择工具箱中的"移动工具"。按↓键8次，再按→键8次，然后选择"图像"→"调整"→"亮度/对比度"命令，弹出"亮度/对比度"对话框。设置相关参数，然后单击"确定"按钮，参数设置如图8-29所示。

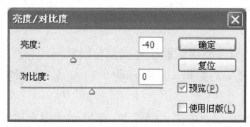

图 8-28 "亮度/对比度"对话框（3）

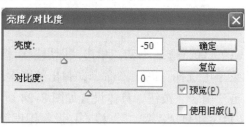

图 8-29 "亮度/对比度"对话框（4）

（18）选择"图层2副本2"图层，再选择工具箱中的"移动工具"。按↓键10次，再按
→键10次，然后选择"图像"→"调整"→"亮度／对比度"命令，弹出"亮度／对比度"
对话框。设置相关参数，然后单击"确定"按钮，参数设置如图8-30所示。

（19）选择"图层2"图层，再选择工具箱中的"移动工具"。按↓键12次，再按→键
12次，然后选择"图像"→"调整"→"亮度／对比度"命令，弹出"亮度／对比度"对话
框。设置相关参数，如图8-31所示，然后单击"确定"按钮，显示"图层2副本"图层，
得到的图像效果如图8-32所示。

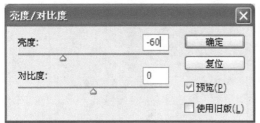

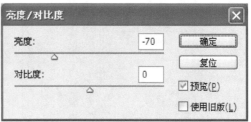

图8-30　"亮度／对比度"对话框（5）　　　图8-31　"亮度／对比度"对话框（6）

图8-32　图像效果

（20）按Ctrl键在"图层"面板上分别单击"图层2副本2"图层、"图层2副本3"图
层、"图层2副本4"图层、"图层2副本5"图层和"图层2副本6"图层，将其全部选中，
按Ctrl+E组合键合并所选图层，得到"图层2副本6"图层。

（21）选择"图层2副本6"图层，选择"滤镜"→"模糊"→"高斯模糊"命令，弹出
"高斯模糊"对话框。设置参数，单击"确定"按钮，参数设置如图8-33所示。

（22）按住Ctrl键单击"图层2副本6"图层缩略图，将其载入选区，效果如图8-34所示。

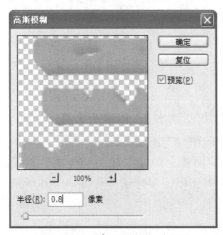

图8-33　"高斯模糊"对话框　　　图8-34　高斯模糊处理后效果

（23）选择"滤镜"→"模糊"→"添加杂色"命令，弹出"添加杂色"对话框，具体
设置如图8-35所示。

（24）选择"滤镜"→"模糊"→"动感模糊"命令，弹出"动感模糊"对话框。参数设置如图 8-36 所示，设置完参数后单击"确定"按钮，按 Ctrl+D 组合键取消选区。

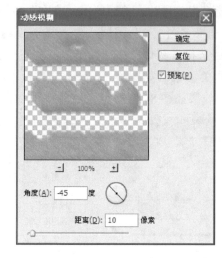

图 8-35 "添加杂色"对话框　　　　　图 8-36 "动感模糊"对话框

（25）选择"图像"→"调整"→"色相/饱和度"命令，弹出"色相/饱和度"对话框。参数设置如图 8-37 所示，设置完毕后单击"确定"按钮。

（26）选择"图层 2 副本"图层，单击"图层"面板上的"添加图层样式"按钮，在弹出的菜单中选择"斜面和浮雕"命令，弹出"图层样式"对话框。将"阴影模式"颜色设置为 R:98、G:69、B:9，其他参数设置如图 8-38 所示，设置完毕后单击"确定"按钮。

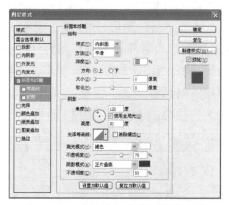

图 8-37 "色相/饱和度"对话框　　　　　图 8-38 "斜面和浮雕"样式设置

（27）按 Ctrl 键在"图层"面板上分别单击"图层 2 副本 2"图层和"图层 2 副本 6"图层，将其全部选中，按 Ctrl+E 组合键合并所选图层，得到"图层 2 副本"图层。

（28）选择"图层 2 副本"图层，单击"图层"面板上的"添加图层样式"按钮，在弹出的菜单中选择"投影"命令，弹出"图层样式"对话框。参数设置如图 8-39 所示，设置完毕后单击"确定"按钮。

（29）选择"图层 2 副本"图层，按 Ctrl+T 组合键调出自由变换框，再按 Ctrl+Shift 组合键调整控制点，等比例缩放图像，并移动图像，按 Enter 键确认变换，得到的图像效果如图 8-40 所示。

（30）选择"背景"图层，将前景色设置为 R:188、G:199、B:69，按 Alt+Delete 组合键填充前景色，得到的图像效果如图 8-41 所示。

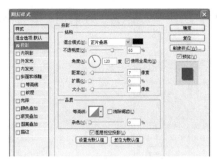

图8-39 "图层样式"对话框　　　　　　　图8-40 图像效果

（31）新建"图层3"，将前景色设置为黑色，再选择工具箱中的"自定形状工具"。在其选项栏中（选择像素）单击"点按可打开'自定形状'拾色器"按钮，再选择形状，拖动鼠标在图像中绘制形状，如图8-42所示。

图8-41 填充前景色　　　　　　　　图8-42 绘制形状

（32）按住Ctrl键再单击"图层3"图层缩略图，将其载入选区，将"图层3"图层拖曳至"图层"面板上的"删除图层"按钮上，然后选择工具箱中的"移动工具"，将指针移动至选区内部并拖动，将选区移动到如图8-43所示的位置。

（33）选择"图层2副本"图层，按Ctrl+J组合键，复制选区内的图像到新图层。"图层"面板中自动生成"图层3"图层，选择工具箱中的"移动工具"，将图像移动至如图8-44所示的位置，用移动工具微调位置。

图8-43 移动位置　　　　　　　　图8-44 移动图像

（34）调整"图层3"图层样式中"投影"颜色的值为R:89、G:89、B:89，具体参数设置如图8-45所示。继续选择"斜面和浮雕"复选框，大小为5，将"阴影模式"颜色的值设置为R:184、G:174、B:37，并设置其他参数如图8-46所示，完成后单击"确定"按钮。

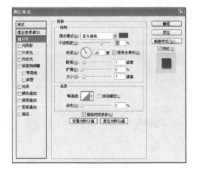

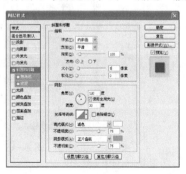

图8-45 调整"图层3"样式　　　　图8-46 "斜面和浮雕"样式设置

（35）选择"图像"→"调整"→"曲线"命令，弹出"曲线"对话框。参数设置如图8-47所示，设置完成后单击"确定"按钮。

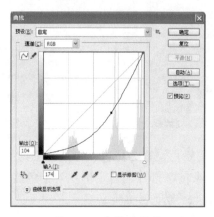

图8-47　参数设置图

（36）将前景色设置为黑色，选择工具箱中的"横排文字工具"，设置合适的文字字体及大小，在图像窗口中输入如下文字：

My Favorite Food（字号 15，字体 Arial）

Accelerating Adobe photoshop with the reconfigurable logie

Using the tools of photoshop software（字号 10，字体 Terminal）

根据图 8-19 所示，设置输入文本的位置等参数，调整后，可得到最终的效果。

8.4 变形文字设计

1. 创意说明

该实例制作的是树叶缠绕文字的效果，并将文字的个别笔画用树叶图形来代替，使文字和树叶图形互相衬托，达到图文结合的效果。制作该实例的文字、树叶和树枝图形，主要使用了"横排文字"工具和"钢笔"等路径绘制工具。另外树枝图形的立体和光泽效果的制作，主要使用了"颜色叠加"、"光泽"、"斜面和浮雕"、"内发光"、"内阴影"、"外发光"和"投影"等图层样式效果。效果图 8-48 所示。

图 8-48　变形文字最终效果图

2. 简要步骤

（1）新建文档，设置宽度为 1620 像素，高度为 1050 像素，分辨率为 72，模式为 RGB 颜色，背景为白色的文档。

（2）使用工具箱中的"钢笔"工具 ，在文档中绘制一个闭合路径，如图 8-48（a）所示。

（3）按快捷键 Ctrl+Enter 将路径转换为选区，然后按 Ctrl+Shift+I 快捷键反选选区。

（4）新建图层，设置前景色为绿色（R：98、G：173、B：0），填充选区，如图 8-48（b）所示。

（a）封闭路径　　　　　　　　　　　　　　（b）效果

图 8-48　局部效果图

（5）设置前景色为土黄色（R：208、G：179、B：102），使用工具箱中的"横排文字"工具 ，再选择合字体在文档中输入"tree"的字样。然后在"图层"面板中将其不透明度设置为 60%，如图 8-49 所示。

（6）确定"文字"图层为可编辑状态，执行"图层"→"栅格化"→"文字"命令，将文字栅格化，然后使用"多边形套索"工具 ，参照图 8-50 建立一个选区，按 Delete 键将所选内容删除掉，取消选区，如图 8-51 所示。

图 8-49　"tree"文字　　　图 8-50　多边形套索工具建立选区　　　图 8-51　删除后的效果

（7）按 Ctrl 键的同时单击"文字"图层，将该图层中图像的选区载入。新建"图层 1"，并将其填充为黄色（R：237，G：198，B：9），按下 Ctrl+D 键取消选区浮动，如图 8-52 所示。

（8）新建"图层 2"，按 Ctrl 键同时单击图层 1，载入图像选区，然后执行"编辑"→"描边"命令，在弹出的"描边"对话框中参照图 8-53 设置参数，其中颜色为棕色（R：177、G：129，B：0），最后取消选区。

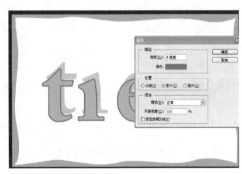

图 8-52　载入图像　　　　　　　　　　　图 8-53　参数设置图

（9）使用工具箱中的"移动"工具 ，将3个图层参照图8-48所示调整好位置，再将它们进行链接，如图8-54所示。

（10）使用"钢笔"工具 ，在文档中文字的周围绘制路径，然后使用"直接选择"工具 调整锚点，调整为如图 8-55 所示的形状。

图 8-54　图层链接　　　　　　　　　　　　图 8-55　锚点

（11）新建一个图层，设置前景色为绿色（R：112、G：191、B：0），然后按下 Ctrl+Enter 键将路径转化为选区，使用前景色填充选区，如图8-56所示。

图 8-56　路径转化为选区

（12）执行"图层"→"图层样式"→"光泽"命令，在打开的"图层样式"对话框中设置"光泽"颜色为绿色（R：96、G：255、B：107），如图8-57所示。

图 8-57　"光泽"参数设置

（13）参照如图 8-58 所示设置"图层样式"对话框，其中"内发光"颜色为墨绿（R：0、G：71、B：65）。

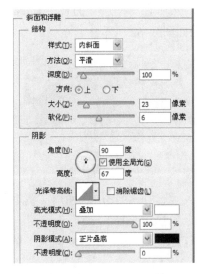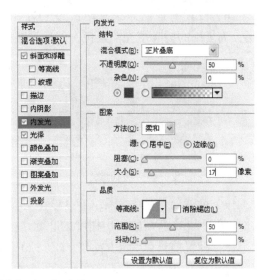

图 8-58 "图层样式"对话框设置

（14）参照如图 8-59 所示设置"图层样式"对话框。"内阴影"颜色为深绿（R：48、G：152、B：55）；"外发光"颜色为绿（R：107、G：252、B：68）；"投影"颜色为深绿（R：92、G：149、B：75）。添加完以上效果后的枝条如图 8-60 所示。

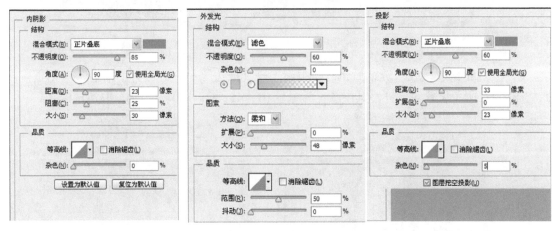

（a）内阴影 （b）外发光 （c）投影

图 8-59 设置内阴影、外发光、投影

图 8-60 枝条效果

（15）设置前景色为浅绿（R：168、G：255、B：0），在"图层"面板中新建一个图层，使用"钢笔"工具 ，在图层上绘制一个树叶形状的路径，按下 Ctrl+Enter 组合键将路径转换为选区，使用前景色填充选区，如图 8-61 所示。

（16）设置前景色为深绿 (R：59、G：182、B：0)，然后在"图层"面板中复制"树叶"图层，为复制的树叶填充前景色，然后调整位置，效果如图 8-62 所示。

图 8-61　路径设置　　　　　　　　　　　图 8-62　树叶效果

（17）设置前景色为深绿（R：53、G：143、B：0）。新建一个图层，使用"钢笔"工具，参照图 8-63 所示绘制出树叶的叶脉路径，使用前景色描边路径。

（18）设置前景色为（R：45、G：120、B：0）。新建图层，按 Ctrl 键的同时，单击"图层"面板中的"树叶"图层，载入该图像的选区，如图 8-64 所示。

图 8-63　绘制叶脉路径　　　　　　　　图 8-64　载入"树叶"图层

（19）新建图层，载入选区后执行"编辑"→"描边"命令，打开"描边"对话框。参照如图 8-65 所示设置对话框，其中颜色为绿色 (R：45、G：120、B：0)，取消选区。

图 8-65　局部效果图（1）

（20）设置前景色为绿色（R：94、G：166、B0），然后新建图层，使用"钢笔"工具，在枝条上绘制出多个树芽状的路径，然后将路径转换为选区，填充前景色作为树芽，如图 8-66所示。

图 8-66　树芽

（21）接下来将一深一浅两个树叶图层进行复制，参照如图 8-67 所示，放置复制树叶图层的位置，然后执行"编辑"→"自由变换"命令，对复制的各个树叶图层副本进行调整。

图 8-67　局部效果图（2）

（22）在"图层"面板中，将复制的"树叶"图层和"树芽"图层链接后合并图层。再打开"图层样式"对话框，对合并的树叶图层添加"投影"效果，参照如图 8-68 所示设置对话框，其中"投影"颜色为绿（R：24、G：111、B：0）。

投影		
结构		
混合模式(B)：	正片叠底	
不透明度(O)：	30	%
角度(A)：	120 度	☑使用全局光(G)
距离(D)：	40	像素
扩展(R)：	0	%
大小(S)：	23	像素
品质		
等高线：	□消除锯齿(L)	
杂色(N)：	5	%

图 8-68　参数设置图

（23）使用"横排文字"工具 T，在其工具选项栏中选择合适的字体，输入"The Running Tree"的字样。最后效果如 8-69 所示。

图 8-69　效果图

【本章小结】

本章主要介绍字体设计的原则、要求和流程（见图8-70），介绍了常见几种字体风格的设计方法。通过本章学习，应掌握字体设计原则，能设计各种质感的字体、变形字体和特殊效果字体。

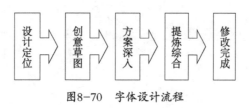

图8-70 字体设计流程

【课后练习】

以"二十四节气"为主题进行视觉设计。

要求：

1）以字体设计为主要表现手段，结合插画、摄影、编排多种元素，展现这一主题。

2）数量最少8张，另需设计封面，装帧形式不限。

第9章 海报设计

本章学习要点：

- 了解海报的相关知识
- 掌握在海报设计中的创意表现手法
- 掌握在海报设计中图片的使用方法
- 掌握海报设计中文字常用效果的制作

9.1 海报概述

9.1.1 海报的类型

"海报"又名"招贴"或"宣传画"，属于户外广告，分布在各街道、影剧院、展览会、商业闹区、车站、码头、公园等公共场所。国外也称之为"瞬间"的街头艺术。海报相比其他广告具有画面大、内容广泛、艺术表现力丰富、远视效果强烈的特点。

海报是人们极为常见的一种招贴形式，多用于电影、戏剧、比赛、文艺演出等活动。海报中通常要写清楚活动的性质，活动的主办单位、时间、地点等内容。海报的语言要求简明扼要，形式要做到新颖美观。海报的特点是形象醒目，富有号召性；主题突出，风格明快。

海报按其应用不同大致可以分为商业海报、文化海报、电影海报和公益海报等，这里加以大概的介绍。

（1）商业海报，是指宣传商品或商业服务的商业广告性海报。商业海报的设计，要恰当地配合产品的格调和受众对象。商业海报示例如图9-1所示。

（a）　　　　　　　　　　　　　　　　（b）

图9-1　商业海报示例

图9-1（a）所示的是为时尚杂志设计的一组数字商业海报，混合的元素在作品中被发挥到了极致，虚实之间、色彩的过渡之间，彰显出时尚杂志前卫的设计风格，很有平面视觉冲击力，达到了商业海报设计的效果。

图9-1（b）所示的是耐克运动产品的海报，把产品英文标志用鞋带绑出来，创意新颖，令人过目不忘。

（2）文化海报，是指各种社会文娱活动及各类展览的宣传海报。展览的种类很多，不同的展览都有它各自的特点，设计师需要了解展览和活动的内容才能运用恰当的方法表现其内容和风格。文化海报示例如图9-2所示。

（a）　　　　　　　　　　（b）

图9-2　文化海报示例

图9-2（a）所示为社区文化艺术节海报，选国粹京剧脸谱作为主要表现手法，主题突出醒目。

图9-2（b）所示为莫扎特音乐节海报，用小提琴下方的阴影区表现主题。

（3）电影海报，主要是起到吸引观众注意、刺激电影票房收入的作用，与戏剧海报、文化海报等有几分类似。电影海报示例如图9-3所示。

图9-3　电影海报示例

（4）公益海报，带有一定思想性，这类海报具有特定的对公众的教育意义，其海报主题包括各种社会公益、道德的宣传，或政治思想的宣传，弘扬爱心奉献、共同进步的精神等。公益海报示例如图9-4所示。

图9-4所示广告是由世界自然保护基金会委托巴黎一家广告公司制作的。其目的在于提醒人们，树木在我们生活的环境中起到的"绿肺"作用。广告上有一行大标语："Before it's too late wwf.org"（在一切都还不晚之前　世界自然保护基金会），用以提醒人们保护森林资源。

SAFE组织在过去70年里一直在为保护动物而努力，他们揭露虐待动物的事件，并且在全球发起反对用动物进行实验的运动。SAFE 组织主要使用公共宣传、广告、政治游说等手段去揭露和质疑动物实验和商业开发中对动物的虐待。图 9-5 所示的两个广告主要是针对商业开发中的虐待动物的事件，对那些把动物皮毛做桌布、长靴和其他皮毛商品的行为提出质疑。

图9-4　公益海报示例　　　　　　　图9-5　SAFE设计的公益海报

9.1.2 海报创意表达手法

常用海报创意表达手法有：突出特征法、对比衬托法、合理夸张法、以小见大法、运用联想法、富有幽默法、借用比喻法、以情托物法、悬念安排法、选择偶像法、谐趣模仿法、神奇迷幻法、连续系列法。

1. 突出特征法

运用各种方式抓住和强调产品或主题本身与众不同的特征，并把它鲜明地表现出来，将这些特征置于广告画面的主要视觉部位或加以烘托处理，使观众在接触言辞画面的瞬间即很快感受到，对其产生注意和发生视觉兴趣，达到刺激购买欲望的促销目的。

图 9-6（a）所示海报强调像机的纤薄特征，被主人公的一个手指就轻松挡住。图 9-6（b）所示海报强调产品的特征：香甜而柔软的 Harrys 面包。

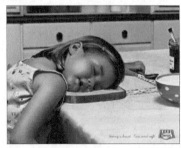

（a）　　　　　　　　　　　　（b）

图9-6　突出特征法示例

2. 对比衬托法

对比是一种趋向于对立冲突的艺术美中最突出的表现手法。它把作品中所描绘的事物的性质和特点放在鲜明的对照和直接对比中来表现，借彼显此，互比互衬，从对比所呈现的差别中，达到集中、简捷、曲折变化的表现。通过这种手法更鲜明地强调或提示产品的性能和特点，给消费者以深刻的视觉感受。对比衬托法示例如图9-7所示。

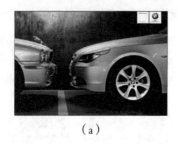 

（a） （b）

图9-7 对比衬托法示例

图9-7（a）所示两车的车头造型酷似两不同气场的人物面部，谁优谁劣，不言而喻。图9-7（b）所示通过两款饮料机地面的磨损程度反映了商品的受欢迎程度。

3. 合理夸张法

借助想象，对广告作品中所宣传的对象的品质或特性的某个方面进行相当明显的过分夸大，以加深或扩大这些特征的认识。文学家高尔基指出："夸张是创作的基本原则。"通过这种手法能更鲜明地强调或揭示事物的实质，加强作品的艺术效果。

图9-8所示中如此锋利的刀具让人生畏。

图9-8 合理夸张法示例

4. 以小见大法

在广告设计中对立体形象进行强调、取舍、浓缩，以独到的想象抓住一点或一个局部加以集中描写或延伸放大，以更充分地表达主题思想。这种艺术处理以一点观全面，以小见大，从不全到全的表现手法，给设计者带来了很大的灵活性和无限的表现力，同时为接受者提供了广阔的想象空间，获得生动的情趣和丰富的联想。以小见大法示例如图9-9所示。

（a） （b）

图9-9 以小见大法示例

图9-9（a）所示中BIC令您享受书写的快乐；图9-9（b）所示中的耐克感受飞一样的感觉。

5. 运用联想法

在审美的过程中通过丰富的联想，能突破时空的界限，扩大艺术形象的容量，加深画面的意境。通过联想，人们在审美对象上看到自己或与自己有关的经验，美感往往显得特别强烈，从而使审美对象与审美者融合为一体，在产生联想过程中引发美感共鸣，其感情的强度总是激烈的、丰富的。运用联想法示例如图9-10所示。

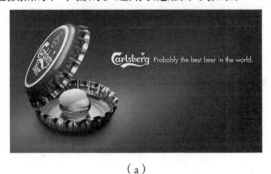
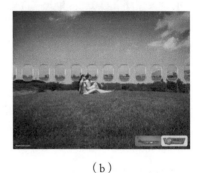

　　　　　　（a）　　　　　　　　　　　　　　（b）

图9-10　运用联想法示例

图9-10（a）所示嘉士伯啤酒中的珍珠、图9-10（b）所示比利时航空公司大自然般的舒适，均运用了丰富的联想。

6. 富有幽默法

富有幽默法是指广告作品中巧妙地再现喜剧性特征，抓住生活现象中局部性的东西，通过人们的性恪、外貌和举止的某些可笑的特征表现出来。富有幽默法示例如图9-11所示。

图9-11（a）所示为杀虫剂广告——连蜘蛛侠也不放过；图9-11（b）所示中喝了健怡可乐的猫，苗条得都可以钻鼠洞。

　　　　　　（a）　　　　　　　　　　　　　　（b）

图9-11　富有幽默法示例

7. 借用比喻法

借用比喻法是指在设计过程中选择两个互不相干，而在某些方面又有些相似性的事物，"以此物喻彼物"，比喻的事物与主题没有直接的关系，但是在某一点上与主题的某些特征有相似之处，因而可以借题发挥，进行延伸转化，获得"婉转曲达"的艺术效果。借用比喻法示例如图9-12所示。

（a）

（b）

图9-12　借用比喻法示例

　　图9-12（a）所示为美国有线电视新闻网；图9-12（b）所示为十五届金犊奖作品——指下尽显中国功夫。

8. 以情托物法

　　艺术的感染力最有直接作用的是感情因素，审美就是主体与美的对象不断交流感情产生共鸣的过程。艺术有传达感情的特征，"感人心者，莫先于情"这句话已表明了感情因素在艺术创造中的作用，在表现手法上侧重选择具有感情倾向的内容，以美好的感情来烘托主题，真实而生动地反映这种审美感情就能获得以情动人，发挥艺术感染人的力量，这是现代广告设计的文学侧重和美的意境与情趣的追求。图9-13为GameBoy新款屏幕，诱人的屏幕。

图9-13　以情托物法示例

9. 悬念安排法

　　在表现手法上故弄玄虚，布下疑阵，使人对广告画面乍看不解题意，造成一种猜疑和紧张的心理状态，在观众的心理中掀起层层波澜，产生夸张的效果，驱动消费者的好奇心和强烈举动。图9-14所示为惠普令您的旧打印机物尽其用。

图9-14　悬念安排法示例

10. 选择偶像法

在现实生活中，人们心里都有自己崇拜、仰慕或效仿的对象，而且有一种想尽可能地向他靠近的心理欲求，从而获得心理上的满足。

这种手法正是针对人们的这种心理特点运用的，它抓住人们对名人偶像仰慕的心理，选择观众心目中崇拜的偶像，配合产品信息传达给观众。

偶像的选择可以是气质不凡的娱乐明星，也可以是世界知名的体坛名将，其他的还可以选择政界要人、社会名流、艺术大师、战场英雄、俊男美女等。偶像的选择要与广告的产品或劳务在品格上相吻合，不然会给人牵强附会之感，使人在心理上予以拒绝，这样就不能达到预期的目的。

图9-15所示为锐步体育用品，做我自己。

图9-15　选择偶像法示例

11. 谐趣模仿法

这是一种创意的引喻手法，别有意味地采用以新换旧的借名方式，把世间一般大众所熟悉的艺术形象或社会名流作为谐趣的图像，经过巧妙的整形履行，使名画名人产生谐趣感，给消费者一种崭新奇特的视觉印象和轻松愉快的趣味性，以其异常、神秘感提高广告的诉求效果，增加产品身价和注目度。

在图9-16中，不要让污渍毁了你的一天，三个漫画中的英雄人物的服装，令人过目不忘，留下饶有奇趣的回味。

图9-16　谐趣模仿法示例

12. 神奇迷幻法

运用畸形的夸张，以无限丰富的想象构织出神话与童话般的画面，在一种奇幻的情景中再现现实，造成与现实生活的某种距离，这种充满浓郁浪漫主义，写意多于写实的表现手法，以突然出现的神奇的视觉感受，很富于感染力，给人一种特殊的美感，可满足人们喜好奇异多变的审美情趣的要求。

在这种表现手法中艺术想象很重要，它是人类智力发达的一个标志，干什么事情都

图9-17　神奇迷幻法示例

需要想象，艺术尤其这样。可以毫不夸张地说，想象就艺术的生命。神奇迷幻法示例如图9-17所示。

13. 连续系列法

通过连续画面，形成一个完整的视觉印象，使通过画面和文字传达的广告信息十分清晰、突出、有力。

广告画面本身有生动的直观形象，多次反复的不断积累，能加深消费者对产品或劳务的印象，获得好的宣传效果，对扩大销售、树立名牌、刺激购买欲、增强竞争力有很大的作用。对于作为设计策略的前提，确立企业形象更有不可忽略的重要作用。

作为设计构成的基础，形式心理的把握是十分重要的，从视觉心理来说，人们厌弃单调划一的形式，追求多样变化，连续系列的表现手法要符合"寓多样于统一之中"这一形式美的基本法则，使人们于"同"中见"异"，于统一中求变化，形成既多样又统一，既对比又和谐的艺术效果，加强了艺术感染力。

图9-18所示系列广告中不同身份的人物不约而同地在FinePix相机前笑一个。

图9-18　连续系列法示例

9.1.3 海报设计

1. 海报构成要素

海报的构成因素包括文字、图形与色彩。

（1）文字

标题文字是海报内容的浓缩、提炼，起着画龙点睛的作用。除标题、副标题外的文字都属于说明文。画面上的文字一般要概括、简练，要写在突出的位置上，以便突出主题。

（2）图形

海报是视觉艺术，目的是为了突出主题，给人以直观的印象，使它产生强烈的艺术感染力从而引人注目，达到宣传的目的。图形又可分为具象和抽象两种。

（3）色彩

色彩是海报设计中的重要因素。色彩具有象征性，可使人们产生各种不同的联想。鲜艳夺目，对比强烈的色彩能引人注目。一般来说，主题往往施以重点，鲜艳和明亮跳动的颜色，还可以用大面积暖色包围冷色，突出冷色或图形。也可以反过来，用大面积冷色包围暖色或大面积浅色包围深色等。在实际操作中，色彩的配置是千变万化的，但只有一个目的，就是围绕主题、突出主题，一切为主题服务。

2. 海报设计原则

（1）单纯原则

形象和色彩必须简单明了，也就是简洁性。海报给人的感觉就是简单自然，无论是色彩还是所设计的形象，都要简单明了，能给观众一个很高的接受能力，让人一看就能明白这幅作品的含义，让人们也跟着这种简单的色彩做出更多对这一产品的认识和见解，真正起到宣传的作用。

（2）一致原则

海报的造型与色彩必须和谐，要具有统一的协调效果设计。海报就像设计其他任何图像艺术一样，很容易造成混乱。所以在设计过程中，设计师必须把整个流程用一个清晰的程序——落实。

（3）清晰的思路

清晰的思路是做设计必须具备的，从设计的大标题、小标题，材料的运用，图片及标志的处理方式这些在做设计之前要保持一致。如果没有统一，作品将很难有一个完整的规划，也很难起到预想的效果，所以在创作之前，所有的设计元素都必须以适当的方式组合成一个有机的整体。

如果想要有一个突破，想要获得观众的认可和赞扬，那么必须要花功夫去创作一个有创意的作品，创作出一个震撼人心的作品，这样才能在设计界站稳脚跟，才能更好地为产品做宣传。

（4）技能表现

海报设计需要有高水准的表现技巧，无论绘制或印刷都不可忽视。

3. 海报设计流程

（1）确定风格

在与用户充分沟通后确定海报的表现风格，如波普风格、中国风格、英雄主义风格、抽象风格等。

（2）布局框架构建

布局是版式设计的核心，体现了整体设计思路。海报制作布局中需确定主标题、副标题、附加内容、主题图片、背景。

（3）确认配色方案

选择配色方案，一般有两种选择，一种是补色的搭配，一种是类似色搭配。我们一般在需要营造那种活泼的有动感的空间的时候，选择红与绿、蓝与绿。那么类似色是相近的，比如黄与绿、蓝与紫，色彩一般不超过 3 种。

（4）选择合适字体类型

根据海报的主题选择合适的字体类型，一般不超过 3 种，重点部分加粗突出，字体大小使用得当。

（5）文字和图片设计排版制作

文字和图片设计即详情页的排版制作可以在平面设计软件如 Photoshop 中实现。简约大气的海报设计元素务必不要太多，应适当留白。

（6）修改定稿

把制作首稿输出交给客户进行审核，如不符合要求，进行局部修改，直至定稿保存。

9.2 电影海报设计

1. 创意说明

早期的电影海报纯粹是为了电影的上片做宣传广告用途的。随着电影的普及，电影海报制作技术的进步，电影海报本身也因其画面精美，表现手法独特，文化内涵丰富，成为了一种艺术品，具有欣赏和收藏价值。经典广告制作公司在众多的电影海报设计和广告海报制作等面孔中，不用看报头，经典电影海报的 PS 制作一眼就知道电影海报设计和广告海报制作等的名字。本实例主要讲解了制作电影海报的过程，最终效果如图 9-19 所示。

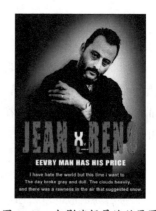

图 9-19　电影海报最终效果图

2. 简要步骤

（1）打开原图，复制背景图层。

（2）新建空白层，填充黑色，放到背景副本下面，如图 9-20 所示。

图 9-20　局部效果图（1）

（3）调整副本图层，选择套索工具，将人物大半身圈出来，羽化30，按快捷键 Ctrl+Shift+I 反选，再按 Delete 删除，效果如图 9-21 所示。

（4）新建一个图层，混合模式为"颜色"，选择 #ecd039（金黄色），用画笔仔细地图出戒指的颜色，在全幅黑白的照片中，这种颜色的点缀很漂亮，效果如图 9-22 所示。

（5）按快捷键 Ctrl+L 调出色阶，把图像压暗一点（116，1，255），效果如图 9-23 所示。

图 9-21　局部效果图（2）

图 9-22　局部效果图（3）

图 9-23　效果图（4）

（6）将前景色设置为白色，在"通道"面板中新建通道，选择横排文本工具，输入"JEAN.RENO"字样，如图 9-24 所示。选择"滤镜 / 像素化 / 铜版雕刻"命令处理文字选区，如图 9-25 所示。

图9-24　输入文字

图9-25　铜版雕刻

（7）按住 Ctrl 键单击 Alpha1 图层缩略图，创建文字选区，关闭"Alpha1"通道。返回"图层"面板，新建图层，选择前景色为红色，填充文字选区。添加其他的文字内容，最后效果如图 9-19 所示。

9.3 商业海报设计

1. 创意说明

商业海报以商品促销商品、商业机构、展销、劳务、满足消费者需要之内容为题材，特别是市场经济的出现和发展，商业海报也将越来越重要，越来越被广泛地应用。商业海报的主要目的是将信息最简洁、明确、清晰地传递给观众，引起他们的兴趣，让人们参与其中，努力使他们信服传递的内容，并在审美的过程中欣然接受宣传的内容，诱导他们采取最终的行动，从而提高销售额。本实例主要讲解了制作商业海报的过程，最终效果如图 9-26 所示。

图 9-26　商业海报最终效果图

2. 简要步骤

（1）新建文档，设置宽度为 80 厘米，高度为 53.83 厘米，分辨率为 72，模式为 CMYK，背景为白色的文档，如图 9-27 所示。

（2）设置渐变编辑器，选择"前景到背景渐变"，设置左端色标颜色为"#1c73a7"，右端色标颜色为"#cbe3f4"。

（3）新建图层命名为"背景"，用渐变工具从上到下绘制线性渐变色，如图 9-28 所示。

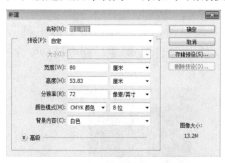

图 9-27　"新建"对话框设置

图 9-28　绘制线性渐变色

（4）打开"素材 1.psd"，将图像拖到当前文档，生成"礼物"图层。三次复制"礼物"图层，得到"礼物副本"、"礼物副本 2"和"礼物副本 3"图层，调整大小和位置。

（5）打开"素材 2.psd"，将图像拖到当前文档，生成"彩带"图层，将"彩带"图层调到"礼物"层上面，如图 9-29 所示。

图 9-29　导入素材

（6）用钢笔工具在当前文档中绘制一条路径，在"路径"面板中将路径转化为选区，填上白色，如图 9-30 中红色线框处所示。

（7）在"图层"面板上新建"太阳"组，在太阳组下新建图层 2，设置前景色为白色，设置画笔大小为 1500，硬度为 0，在选项栏中设置不透明度为 70%，在图层 2 上绘制一个白光区，如图 9-30 所示。

图 9-30　绘制白光区

（8）在太阳组下新建图层 3，用钢笔工具在图像窗口绘制太阳封闭路径，如图 9-31 所示。

（9）切换到"路径"面板，将路径作为选区载入，按 Shift+F6 组合键打开"羽化选区"，设计羽化半径为 15 进行羽化。用白色填充选区，并做修饰，如图 9-32 所示。

图 9-31　绘制太阳封闭路径

图 9-32　羽化处理

（10）打开"素材 3.psd"，拖到当前文档，生成"车 1"组。同理"素材 4.psd"形成"车 2"组，如图 9-33 所示。

图 9-33 导入车素材

（11）选择矩形工具，绘制小正方形路径，新建图层 4，设置合适画笔大小，在"路径"面板中，单击"用画笔描边路径"按钮。

（12）用多边形套索工具，创建形似"对钩"的选区，设置前景色为"R199，G0，B31"，填充前景色。

（13）按 Ctrl 键，单击"图层 4"缩略图，载入选区。选择"移动工具"，按 Alt+Shift 组合键，复制多个选区内的图像并水平移动到合适位置。

（14）用文本工具完成文本内容部分，如图 9-34 所示。最终效果如图 9-26 所示。

图 9-34 输入文本内容

9.4 公益海报设计

1. 创意说明

面临"信息技术全球共享"的时代，公益海报艺术的文化内涵会不断地延展，文化特质也更加突出。电脑图形设计所创造的前所未有的高精度、高效率以及丰富而全新的视觉表现效果，为公益海报设计师提供了一种超乎想象的创意空间和丰富的艺术表现形式，成为一种新的作业标准，并带动公益海报艺术走向更为广阔的前景。在图形语言成为优势传播的今天，设计与文化的融合，构建出多元化设计的文化生命形态，使设计的观念、思维、风格、审美渗透出独特的文化价值。本实例主要讲解制作公益广告的过程，最终效果如图 9-35 所示。

图 9-35 公益海报最终效果图

2. 简要步骤

（1）新建文档，设置宽度为 1000 像素，高度为 1300 像素，分辨率为 72，模式为 RGB，背景为白色的文档。

（2）选择渐变工具（径向渐变），填充"背景"图层，如图 9-36 所示。

（3）新建图层 1，用钢笔工具在文件中绘制一条曲线路径，如图 9-37 所示。

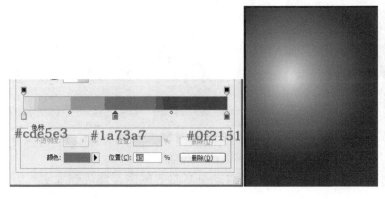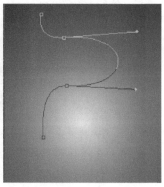

图 9-36　背景设置　　　　　　　　　　　　　图 9-37　绘制曲线路径

（4）选择画笔工具，将笔触设为 19px，柔边圆压力大小（硬度 50%），前景色设为 #075505，在工作"路径"图层上右击，在弹出的快捷菜单中选择"描边路径"，在打开的 "描边路径"对话框中选择"画笔"工具，勾选"模拟压力"，如图 9-38 所示，单击"确定" 按钮后得到如图 9-39 所示效果。

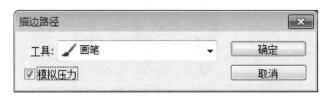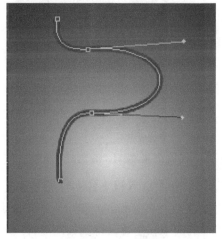

图 9-38　描边路径设置　　　　　　　　　　　图 9-39　局部效果图

（5）新建图层 2，将画笔的笔触设为 2px，前景色设置为"#00cc00"，单击面板中的"用 画笔描边路径"按扭，得到如图 9-40 所示的效果图。

（6）选择涂抹工具，在工具栏上设置画笔为 13 柔边圆，强度为 53%，用该涂抹工具对 图层 2 的曲线进行涂抹，得到如图 9-41 所示的树枝效果。

（7）从素材文件夹中打开"叶子 .jpg"，用魔棒工具在背景外单击，选择"选择"→"反 向"命令，得到叶子选区，用"#639900"填充叶子选区。

（8）单击移动工具，将叶子形状拖放到"科普宣传画"文件的图层 3 中，选择画笔，将 笔触设为 3px，前景色设置为 #075505，在叶子上绘制出纹理，用涂抹工具对纹理进行修饰， 如图 9-42 所示。

（9）将叶子拖放到树枝上，复制图层几次，生成多片叶子，调整这些叶子的大小和位 置，如图 9-43 所示。

图 9-40 局部效果图（2）　　图 9-41 树枝效果　　图 9-42 修饰纹理　　图 9-43 多片叶子

（10）选择除背景层外的所有图层链接，整体调整大小和位置。

（11）打开灯泡图片，用矩形选区选取灯泡，用移动工具将灯泡图片拖放到本文档中，如图 9-44 所示。

（12）选择魔棒工具，将容差设为 40，单击如图 9-44 所示的灯泡边缘的白色区域，按 Delete 键将灯泡背景删除，适当调整灯泡的大小和位置，得到如图 9-45 所示效果。

图 9-44 灯泡图片处理　　　　　　　　图 9-44 局部效果图（3）

（13）打开素材文件夹中的书本素材，用钢笔工具勾画出书本的轮廓如图 9-46 所示。按快捷键 Ctrl+Enter 转换为选区，用移动工具将该书本拖放到"科普宣传画"中，适当调整该书本的大小和位置，得到如图 9-47 所示效果。

图 9-46 勾画书本轮廓　　　　　　　图 9-47 局部效果图（4）

（14）双击"书本"图层，在弹出的"图层样式"对话框中，勾选"投影"样式，设置参数如图 9-48 所示，得到书本的效果如图 9-49 所示。

图 9-48　设置"投影"样式　　　　　　　　　图 9-49　局部效果图（5）

（15）打开素材文件夹中的树叶图片，用磁性套索工具勾选出如图 9-50 所示的树叶选区，用移动工具将该树叶拖放到"科普宣传画"文件中，调整大小和位置，得到如图 9-51 所示效果。

（16）用上面相同的方法，再增加几片叶子，用涂抹工具对这些叶子的尾部稍加修饰，得到如图 9-52 所示效果图。

图 9-50　勾选树叶选区　　　图 9-51　局部效果图（6）　　　图 9-52　局部效果图（7）

（17）选择横排文字工具，输入"节能减排 / 低碳乐活"，设置字体格式为"华康雅宁体 W9"（从素材文件夹中安装该字体，即控制面板打开字体文件夹，将该字体复制进去），颜色为白色，其中"节、减、低、乐"4 个字大小为 120 点，"能、排、碳、活"4 个字为 90 点，将其排放到相应位置上。

（18）双击"文字"图层，在弹出的"图层样式"对话框中勾选"投影"、"外发光"、"斜面和浮雕"样式，设置参数如图 9-53 所示。完成后拷贝该图层样式到另一个文字图层上，如图 9-54 所示。

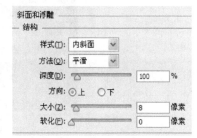

图 9-53　投影、外发光、斜面和浮雕样式设置

图 9-54　局部效果图（8）

（19）新建图层，选择画笔工具，设置笔触为图 9-55 所示形式，前景色为白色，在灯泡周围多次单击，形成如图 9-56 所示效果。

（20）把笔触设置为绒毛球状态（笔触状态以仅文本显示，DP 星纹），分别用 192px 和 90px 的笔触大小在图 9-55 所示内容的基础上单击，得到如图 9-57 所示效果图。

图 9-55　设置笔触形式　　　　图 9-56　局部效果图（9）　　　图 9-57　局部效果图（10）

（21）新建一个图层，选择自定义形状工具，在如图 9-58 所示的工具栏中选择"路径"按钮，并在形状的下拉框中选择"蝴蝶"路径，绘制一个蝴蝶路径，按 Ctrl+Enter 组合键将路径转成选区，如图 9-58 所示。

图 9-58　局部效果图（11）

（22）选择径向渐变工具，其渐变颜色设置如图 9-59 所示，在蝴蝶选区中由中心向外拖动渐变得到效果。

#ffffff 21% #ffffff

图 9-59 参数设置图

（23）复制几个"蝴蝶"图层，进行大小和位置的调整，再进行斜切等变形操作。最终效果如图 9-35 所示。

【本章小结】

本章主要介绍海报的分类、海报的创意表现手法、海报的设计方法及流程（见图 9-60）。通过本章学习，应掌握海报的类型，能用 PS 设计创意独特的各类海报。

图9-60 海报设计流程

【课后练习】

为你所居住的城市设计莫扎特音乐节的海报，该音乐节同时也是为了吸引游客光临你的城市的一个观光节。该节由纽约林肯中心为表演艺术部而组织的一个活动，以纪念作曲家莫扎特的艺术成就，同时还要加上几位著名的古典音乐家，如贝多芬、肖伯特及海顿等表演曲目。

要求：

（1）海报设计能够给人以深刻的印象，既能传达古曲音乐的气氛，又具有节日的欢快主调。

（2）该海报将会张贴在剧院外面，所以该海报必须在较远距离也能被留意到。过往行人及那些在自行车及汽车上的人都可以留意到。

（3）海报中必须有以下文字：

纽约旅游管弦乐队演奏（The New York Traveling Orchestra presents）

莫扎特音乐节（Mozart Festival）

发现莫扎特、贝多芬及更多（Discover Mozart, Beethoven, and more）

［表演地点］

［表演时间］

提示：

1）了解有关海报的主题及张贴的地点，以便寻找在海报中适用的图片。

2）决定海报的设计主题，以便确定目标对象，使你的研究能够有个清晰的概念。

3）选择作品的表现形式，使你的作品能够准确传达有关信息。

4）考虑海报构图的焦点，信息的主次及文字排版。

第10章 封面设计

本章学习要点：

- 掌握封面设计相关知识
- 掌握多个对象对齐分布的方法
- 掌握宣传手册、书籍封面的制作方法

10.1 概述

封面是装帧艺术的重要组成部分，犹如音乐的序曲，是把读者带入内容的向导。在设计之余，感受设计带来的魅力，感受设计带来的烦忧，感受设计带来的欢乐。封面设计中应遵循平衡、韵律与调和的造型规律，突出主题，大胆设想，运用构图、色彩、图案等知识，设计出比较完美、典型，富有情感的封面，提高设计应用的能力。

10.1.1 定位

封面设计的成败取决于设计定位，即要做好前期的客户沟通，封面设计的风格定位、企业文化及产品特点分析、行业特点定位、画册操作流程、客户的观点等都可能影响封面设计的风格，所以说，好的封面设计一半来自于前期的沟通，只有做好前期的沟通才能体现客户的消费需要，为客户带来更大的销售业绩。

10.1.2 构想过程

封面设计师的想象不是纯艺术的幻想，而是把想象利用科学技术使之转化为对人有用的实际产品。这就需要把想象先加以视觉化。这种把想象转化为现实的过程，就是运用封面设计专业的特殊绘画语言，把想象表现在图纸上的过程，如图 10-1 所示。

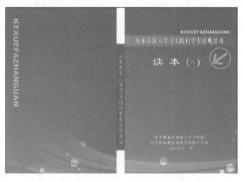

图10-1　科学发展观封面设计大图

所以，封面设计师必须具备良好的绘画基础和一定的空间立体想象力。封面设计师只有掌握精良的表现技术，才能在绘图中得心应手，才会充分地表现产品的形、色、质感，引起人们感觉上的共鸣。

封面设计师面对抽象的概念和构想时，必须经过具体过程，也就是化抽象概念为具象的塑造，才能把脑中所想到的形象、色彩、质感和感觉化为具有真实感到的事物。封面设计的过程是非常微妙的。一个好构想会瞬息即逝，封面设计师必须立刻捕捉脑中的构想才行。封面设计是一项为不特定的对象所做的行为，往往要超越国界、时空等距离。可以用语言、文字来描述、传达。但是，作为人类共同语言，封面设计者必须具备的又不可缺少的技能——绘图。绘图的意义就像音乐家手中的五线谱一样一目了然。所以说，封面设计表现的表达能力是每一位封面设计者应具备的本领。

10.1.3 设计分类

1. 企业封面设计

企业封面设计应该从企业自身的性质、文化、理念、地域等方面出发，来体现企业的精神。

2. 产品封面设计

产品画册的设计应着重从产品本身的特点出发，分析出产品要表现的属性，运用恰当的表现形式、创意来体现产品的特点。这样才能增加消费者对产品的了解，进而增加产品的销售。

3. 企业形象封面设计

企业形象画册的设计更注重体现企业的形象，应用恰当的创意和表现形式来展示企业的形象。这样画册才能给消费者留下深刻的印象，加深对企业的了解。

4. 宣传封面设计

这类的封面设计根据用途不同，会采用相应的表现形式来体现此次宣传的目的。用途大致分为：展会宣传、终端宣传、新闻发布会宣传等。

5. 画册封面设计

画册的封面设计是画册内容、形式、开本、装订、印刷后期的综合体现。好的画册封面设计要从全方位出发。

下面介绍一些常见的封面设计。

（1）医院封面设计

医院的封面设计要求稳重大方、安全、健康，给人以和谐、信任的感觉，设计风格要求大众生活化。医院封面设计示例如图 10-2 所示。

图10-2　医院封面设计示例

（2）药品封面设计

药品封面设计比较独特，根据消费对象分为：医院用（消费对象为院长、医师、护士等），药店用（消费对象为院店长、导购、在店医生等）。用途不同，设计风格要做相应的调整。药品封面设计示例如图10-3所示。

图10-3　药品封面设计示例

（3）医疗器械封面设计

医疗器械封面设计一般从产品本身的性能出发，来体现产品的功能和优点，进而向消费者传达产品的信息。医疗器械封面设计示例如图10-4所示。

图10-4　医疗器械封面设计示例

（4）食品封面设计

食品封面设计要从食品的特点出发，来体现视觉、味觉等特点，诱发消费者的食欲，达到购买欲望。食品封面设计示例如图10-5所示。

图10-5　食品封面设计示例

（5）IT企业封面设计

IT企业封面设计要求简洁明快并结合IT企业的特点，融入高科技的信息，来体现IT企业的行业特点。IT企业封面设计示例如图10-6所示。

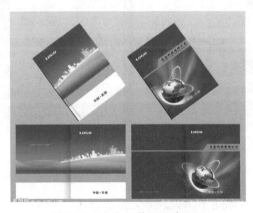

图10-6　IT企业封面设计示例

（6）房产封面设计

房产封面设计一般根据房地产的楼盘销售情况做相应的设计，如：开盘用，形象宣传用，楼盘特点用等。此类封面设计要求体现时尚、前卫、和谐、人文环境等。房产封面设计示例如图10-7所示。

图10-7 房产封面设计示例

（7）酒店封面设计

酒店的封面设计要求体现高档、享受等感觉，在设计时用一些独特的元素来体现酒店的品质。酒店封面设计示例如图10-8所示。

图10-8 酒店封面设计示例

（8）学校宣传封面设计

学校宣传封面设计根据用途不同大致分为形象宣传、招生、毕业留念册等。学校宣传封面设计示例如图10-9所示。

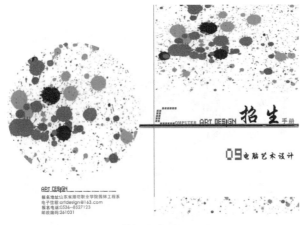

图10-9 学校宣传封面设计示例

（9）服装封面设计

服装封面设计更注重消费者档次、视觉、触觉的需要，同时要根据服装的类型风格不同，设计风格也不尽相同，如休闲类、工装类等。服装封面设计示例如图 10-10 所示。

图10-10 服装封面设计示例

（10）招商封面设计

招商封面设计主要体现招商的概念，展现自身的优势，来吸引投资者的兴趣。招商封面设计示例如图 10-11 所示。

图10-11 招商封面设计示例

（11）校庆封面设计

校庆封面设计要体现喜庆、团圆、美好向上、怀旧的概念。校庆封面设计示例如图10-12所示。

图10-12　校庆封面设计示例

（12）企业画册年报设计

企业画册年报设计一般是对企业本年度工作进程的整体展现，设计一般都是大场面展现大事记，一般要求设计者要有深厚的文化底蕴。企业画册年报设计示例如图10-13所示。

图10-13　企业画册年报设计示例

（13）体育封面设计

时尚、动感、方便是这个行业的特点，根据具体的行业不同，表现也略有不同。体育封面设计示例如图10-14所示。

图10-14　体育封面设计示例

（14）公司封面设计

公司封面设计一般体现公司内部的状况，在设计方面要求比较沉稳。公司封面设计示例如图 10-15 所示。

图10-15　公司封面设计示例

10.2　宣传画册封面设计

1. 创意说明

2016 年 5 月 18 日，是福建理工学校一年一度的"三节合一"（文体艺术节、技能节和综合教育管理工程展）的综合展示之日，现要求介绍制作一系列宣传画册封面的过程，本宣传画册的规格：双面展开为横版的 A4 纸大小（29.7 厘米 ×21 厘米），分辨率为印刷标准 300，颜色模式为印刷模式 CMYK，最终效果如图 10-16 所示。

图 10-16　宣传画册封面最终效果图

2. 简要步骤

（1）新建文档，设置宽度为 29.7 厘米，高度为 21 厘米，分辨率为 300，模式为 CMYK，背景为白色的文档。

（2）选择菜单"视图"→"新建参考线"，在弹出的"新建参考线"对话框中选择"垂直"，设置位置为 14.9 厘米，使文档一分为二。

（3）印刷一般都要考虑出血位置（即印刷后裁剪预留），所以分别在水平和垂直方向上各建立两条出血参考线，水平位置为0.3厘米和20.7厘米，垂直位置为0.3厘米和29.4厘米，建完后效果如图10-17所示。

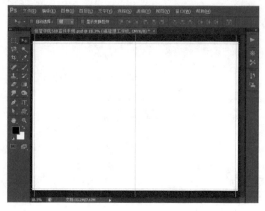

图 10-17　建两条出血参考线

（4）新建图层并命名为"渐变背景"，使用"渐变工具"（径向渐变），设置渐变色为从浅蓝到透明，从文档的一角向中心拉出一条直线进行填充，如图10-18所示。

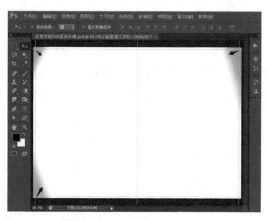

图 10-18　局部效果图（1）

（5）选择"直排文字工具"，在右上角适当位置输入"福建理工学校"，设置字体、字号及颜色，接着输入一排对应的汉字拼音进行衬托，如图10-19所示。

图10-19　局部效果图（2）

（6）新建图层并命名为"竖线"，选择"矩形选框工具"，在文字与拼音之间绘制一条1像素宽的选区，并填充为黑色，如图10-20所示。

（7）打开学校 LOGO，如图 10-21 所示。

图 10-20 局部效果图（3）

图10-21 学校LOGO

（8）由于该 LOGO 图是 GIF 格式文件，所以要想直接拖入 CMYK 中必须先进行模式转换，选择菜单"图像"→"模式"→"CMYK 颜色"，然后用移动工具拖入到文档中，适当调整大小及位置，效果如图 10-22 所示。

图 10-22 拖入LOGO

（9）新建图层并命名为"书脊"，选择"矩形选框工具"，在中间位置拉出一个矩形选框，即封面的部分内容横跨过封底一部分，使用"渐变工具"（径向渐变），打开"渐变编辑器"对话框。设置渐变色为从透明到浅蓝，从左边适当位置开始向右拉出一条直线进行填充，取消选区，效果如图 10-23 所示。

（a）"渐变编辑器"对话框

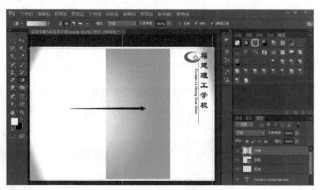

（b）效果图

图 10-23 "渐变编辑器"对话框和设置效果图

（10）打开如图 10-24 所示的图片。

图 10-24 图片素材（1）

（11）用移动工具拖入到文档中，并命名该图层为"封面_图 1"，适当调整大小及位置，如图 10-25 所示。

图 10-25 调整图片

（12）新建图层并命名为"横线"，选择"矩形选框工具"，分别在图片上下各绘制一条 10 像素宽的选区，并填充为黑色，如图 10-26 所示。

图 10-26 局部效果图（4）

（13）新建图层并命名为"圆角"，选择"椭圆选框工具"，在适当位置拉出一个椭圆选区，并填充为白色，如图 10-27 所示。

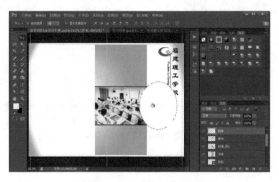

图 10-27 椭圆选区

（14）这时可能会发现部分文字内容被挡住了，可以通过给"圆角"图层添加图层蒙版，然后用黑色的硬度为 0 的画笔工具进行擦除，效果如图 10-28 所示。

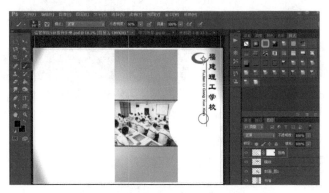

图10-28　添加图层蒙版

（15）打开如图 10-29 所示的图片。

图 10-29　图片素材（2）

（16）用移动工具将其拖入到文档中，并命名该图层为"封面_图 2"，适当调整大小及位置，如图 10-30 所示。

图10-30　导入图片

（17）同样给"封面_图 2"添加图层蒙版，利用黑色的硬度为 0 的画笔工具将其边缘位置进行过渡处理，效果如图 10-31 所示。

图10-31 局部效果图（5）

（18）输入文本"5.18"，设置字体、字号，采用白色，单击文字属性栏上的"创建文字变形"按钮，在打开的"变形文字"对话框中对文字添加一些变形效果，如图10-32所示。

图10-32 "变形文字"对话框

（19）输入文本"2016"、"三节合一"，设置字体、字号，采用米黄色，设置图层样式为投影和描边，效果如图10-33所示。

图10-33 局部效果图（6）

（20）输入文本"综合"，适当设置字体、大小及颜色，添加投影等图层样式，因为这两个字要错位放置，所以要分成两个图层，如图10-34所示。

图10-34 "综合"字体设置

（21）输入文本"展示"，可分别选中单个文字，然后设置相应的字体及颜色，具体视情况而定，如图 10-35 所示。

图10-35 设置"展示"文字

（22）输入三行文字，分别是"第十三届文体艺术节"、"第八届技能节"、"学生综合教育管理工程五周年"，适当设置字体、大小及颜色，效果如图 10-36 所示。

图 10-36 局部效果图（7）

（23）新建图层并命名为"横条"，用选框工具在图的左上角拉出一个矩形选框，用浅蓝色填充，如图 10-37 所示。

图 10-37 矩形选框

（24）选择"钢笔工具"，在横条的右下角绘制三角形，按快捷键 Ctrl+Enter 将其转换为选区，再按 Delete 键删除选区内的部分，如图 10-38 所示。

图10-38　局部效果图（8）

（25）在横条上输入白色的文字"首批国家中等职校发展示范校"，适当设置字体、大小，效果如图 10-39 所示。

图 10-39　局部效果图（9）

（26）用相同的手法制作出"竖条"及文字"国家级重点中专"，效果如图 10-40 所示。

（27）打开素材"纸飞机"，如图 10-41 所示。

图 10-40　局部效果图（10）

图10-41　纸飞机素材

（28）用移动工具将图片拖入到文档中生成图层并命名为"纸飞机"，适当调整大小及位置，效果如图 10-42 所示。

图10-42　局部效果图（11）

（29）给图层"纸飞机"添加图层蒙版，利用黑色的硬度为0的画笔工具对手的底部进行过渡处理，效果如图10-43所示。

图10-43　添加图层蒙版

（30）打开素材"山峦"，如图10-44所示。

图10-44　山峦素材

（31）用移动工具将图片拖入到文档中生成图层并命名为"山峦"，适当调整大小及位置，将"山峦"图层置于"竖条"图层下方，效果如图10-45所示。

图10-45　局部效果图（12）

（32）在封底的下方输入相应的学校信息如地址、学校热线及邮编、网址等，适当设置字体、大小及颜色，如图 10-46 所示。

图10-46　学校信息输入

（33）在纸飞机的右边适当位置输入竖排文字"放飞梦想"，其中"飞"字采用繁体字"飛"突出效果，适当设置字体、大小及颜色，"放飛"两个字的字体可以设置得大一些，同时设置投影等图层样式，效果如图 10-47 所示。

图10-47　最终效果图

10.3 时尚杂志封面设计

1. 创意说明

杂志封面设计的主题要明确，不能让配角超过主角。有些杂志的颜色要尽量拥有质感，让人看得舒服，分辨率要够用，附加的内容像文字、广告等要注意排版，不能超越主角，但也要起到宣传的作用。本实例主要讲解制作杂志封面的过程，最终效果如图10-48所示。

图10-48 时尚女性杂志封面设计

2. 简要步骤

（1）新建文档，设置宽度为3504像素，高度为2336像素，分辨率设为300，模式为RGB，背景为白色。

（2）选择背影图层，将前景色设为R:150、G:0、B:0，背景色设为R:243、G:255、B:242，选择渐变工具并设置为前景色到背影色渐变，填充为从上到下线性渐变，如图10-49所示。

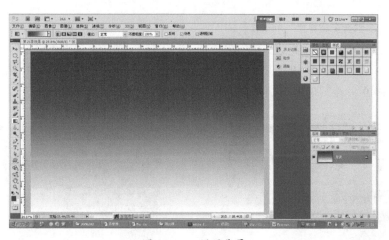

图 10-49 设置背景

（3）新建图层，命名为"渐变"，打开"渐变编辑器"，设置参数如图 10-50所示：（R:72,G:0,B:72）位置0%、（R:175,G:12,B:116）位置30%、（R:255,G:255,B:255）位置75%。

（4）在文档中从中上到右下拖动鼠标，设置效果如图10-51所示。

图 10-50 "渐变编辑器"对话框

图10-51 渐变效果

（5）选择"椭圆工具"，在文档内拖出椭圆选区，移到合适位置。按 Shift+F6 快捷键，打开"羽化选区"对话框，设置羽化半径 250 像素。选择渐变工具，打开"渐变编辑器"对话框，参数设置如下，(R:19,G:0,B:48)、(R:93,G:0,B:118) 位置 50%、(R:140,G:2,B:158)，如图 10-52 所示。

（6）设置后用径向渐变的方式在选区中从左上到右下拖动鼠标填充，效果如图 10-53 所示。

图10-52 "渐变编辑器"对话框

图10-53 填充效果

（7）取消选区，用"多边形套索"工具绘制如图 10-54 所示选区，羽化 120 像素。选择渐变工具，设置如下所示渐变色 (R:72,G:0,B:72)、（R:140,G:0,B:106）位置 50%、（R:190,G:29,B:149)，在图像窗口中从左上到右下拖动鼠标，如图 10-55 所示。取消选区。

图 10-54 绘制选区

图10-55 渐变处理

（8）为"渐变"图层添加蒙版，选择黑白渐变，在蒙版中从左下到右上拖动鼠标，得到效果如图 10-56 所示。

（9）打开"喷绘.psd"文件，拖到文档并移动到合适位置，如图 10-57 所示。

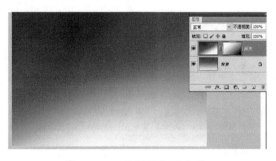

图 10-56　局部效果图（1）

图10-57　喷绘文件

（10）添加"图层"蒙版，选择渐变工具，设置渐变色（白色，位置60%）、（黑色，位置80%）、（白色，位置100%），在蒙版上从上至下拖动鼠标，效果如图 10-58 所示。

（11）设置前景色为白色，选择直排文字工具，设置合适的字体及大小，再输入相应的文字，如图10-59所示。

图10-58　局部效果图（2）

图10-59　局部效果图（3）

（12）打开素材"树林.psd"，并拖到文档内，移到合适位置。

（13）选择横向排文字工具，选择合适的字体及大小，输入文字。选择"文字"图层，将图层的"不透明度"调整为41%，如图 10-60 所示。

（14）打开"星星.psd"，并拖入到合适的位置。选择"星星"图层，将图层的混合模式设置为"滤色"，效果如图 10-61 所示。

图 10-60　局部效果图（4）

图10-61　局部效果图（5）

（15）选择画笔，选择合适的笔刷，调整直径和硬度，在文档内进行绘制，将图层的"不透明度"设置为"72%"，图层的混合模式改为"叠加"。按上面方法选择合适的笔刷再绘制，将图层的"不透明度"设置为"98%"，图层的混合模式改为"叠加"。选择其他的笔刷绘图，将图层的"不透明度"设置为"63"，图层的混合模式改为"叠加"，效果如图 10-62 所示。

图 10-62　局部效果图（6）

（16）打开"人物 2.psd"，将其拖到文档的合适位置上。

（17）选择横排文字工具，设置合适的字体和大小，输入"时 女性"、"尚"字样。选择刚才的两个文字层，按 Ctrl+E 快捷键进行合并，再按 Ctrl 键并单击合并后的图层，载入选区。切换到"路径"面板，单击"从选区生成工作路径"按钮，将选区转换为路径。用直接选择工具和钢笔工具绘制新路径并调整文字路径的形状，如图 10-63 所示。

图 10-63　局部效果图（7）

（18）新建图层，按 Ctrl+Enter 快捷键将路径转换为选区，选择渐变工具设置为蓝红黄渐变，在选区中从上到下拖动鼠标，取消选区，如图 10-64 所示。

图10-64　局部效果图（8）

（19）为图层添加"投影"样式（距离 27 像素，扩展 36%，大小 7 像素），如图 10-65 所示。为图层添加"外发光"效果（不透明度 100%，扩展 18%，大小 54 像素），如图 10-66 所示。为图层添加"斜面和浮雕"效果（深度 1%，大小 5 像素），如图 10-67 所示。为图层添加"颜色叠加"效果（混合模式为叠加，颜色为红色，不透明度 74%），如图 10-68 所示。为图层添加"图案叠加"效果，选择"图案"下的相应图案，如图 10-69 所示。最后效果如图 10-48 所示。

图 10-65 "投影"样式设置

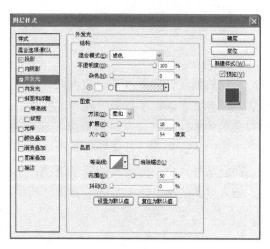

图10-66 "外发光"样式设置

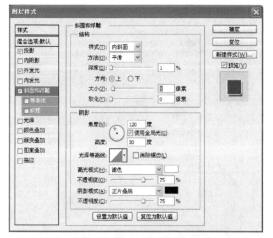

图 10-67 "斜面和浮雕"样式设置

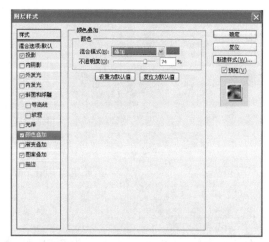

图10-68 "颜色叠加"样式设置

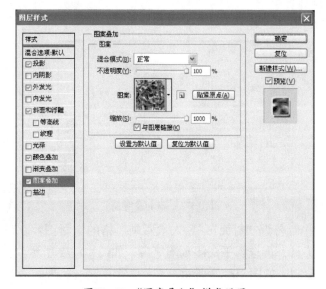

图10-69 "图案叠加"样式设置

10.4 书籍封面设计

1. 创意说明

书籍装帧设计需要像其他装潢设计一样，经过调查研究到检查校对的设计程序。首先向作者，或者文字编辑了解原著的内容实质，并且通过自己的阅读、理解，加深对自己所要装帧对象的内容、性质、特点和读者对象等的理解并做出正确的判断。书籍装帧既是立体的，也是平面的，这种立体是由许多平面所组成的。不仅从外表上能看到封面、封底和书脊三个面，而且从外入内，随着人的视觉流动，每一页都是平面的。所有这些平面都要进行装帧设计，给人以美的感受。本实例主要讲解制作书籍封面的过程，最终效果如图10-70所示。

图10-70　书籍封面最终效果图

2. 简要步骤

（1）新建文档，设置宽度为2339像素，高度为1541像素，分辨率为150，模式为RGB，背景为白色的文档。

（2）在画布中添加参考线以划分封面中的各个区域，如图10-71所示。

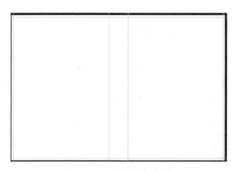

图10-71　添加参考线

（3）创建新组，并命名为"封面"，导入水彩画风格的素材图片。添加蒙版，设置前景色为黑色。选择画笔工具，再选择平头湿水笔笔尖，如图10-72所示。在"图层"蒙版中沿着图片四周快速扫过绘制，如图10-73所示。

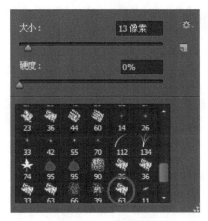

图 10-72　画笔设置

图 10-73　图层蒙版处理

（4）导入千纸鹤花纹素材，放到合适的位置，如图 10-74 所示。

图10-74　局部效果图（1）

（5）选择横排文字工具，选择合适字体、字号，颜色为青色，输入文字，如图 10-75 所示。

（6）导入前景装饰图，如图 10-76 所示。在封面中间部位输入作者信息，在底部输入出版社信息，并用画笔画出一个简单的商标图形，效果如图 10-77 所示。

图 10-75　局部效果图（2）

图 10-76　导入前景饰图

图 10-77　局部效果图（3）

（7）新建组"背面"，在"背景"组下新建图层，重命名图层为"背面底纹"。用矩形工具绘制一个矩形，并用白到浅蓝的渐变色填充选区，如图 10-78 所示。

图 10-78 局部效果图（4）

（8）导入"素描千纸鹤"素材，调整位置，如图 10-79 所示。

图 10-79 导入千纸鹤素材

（9）打开条码图片，拖动到书籍背面右下部，如图 10-80 所示。

图 10-80 条码及导入效果图

（10）选择横排文字工具，设置前景色为黑色，并设置字体和字号，分别输入文本"定价：21.00 元"，如图 10-81 所示。

（11）新建组"书脊"，在"书脊"组下新建图层，重命名图层为"书脊底纹"。用矩形工具绘制一个矩形，并用浅蓝色填充选区，如图10-82所示。

图10-81　输入定价

图10-82　创建书脊

（12）再次导入"素描千纸鹤"素材，调整位置和大小，如图 10-83 所示。

图 10-83　书脊加入图案

（13）选择竖排文字工具，选择合适的字体和大小，输入书名和作者名，如图10-84 所示。

图10-84　加上书脊文字

【本章小结】

本章主要介绍封面设计概念、封面设计分类和封面设计流程（见图10-85）。通过本章学习，应掌握常见类型的封面设计方法，能用合适的创意表达设计。

图10-85　封面设计流程

【课后练习】

为长江三鲜水产品宣传画册设计封面。

要求：

1）具有水产产品特色和较强的视觉冲击力。

2）文字包括

● 长江三鲜系列产品

● 极品美食馈赠佳品

● 品得"长江三鲜"味终身不念天下鱼

● 生态健康营养精致

3）封底设计要求

● 图案以长江为主

● 包含以下信息

网址：http://yzdajiang.nocn.cn/

电话：0514-86886500

传真：0514-86886500　邮编：225210

第11章 包装设计

本章学习要点：
- 掌握包装设计的材质分类
- 掌握包装设计用色原则
- 掌握包装立体效果的制作方法

11.1 包装设计概述

包装是指产品转化为商品并销售出去的最后一道工序，它是产品的容器及其包装的结构、外观进行设计，能使产品在运输过程及其销售时有一个与其内容相符的外壳，具有一个完美动人的形象，目的是适合人们的需要。

1. 包装设计的作用

优秀的包装能使商品光彩照人，从而提高商品的市场价值，激发消费者的购买欲望。包装设计作为一种无声的广告，具有强烈的促销作用，能达到促进消费者购买的目的，如图 11-1 所示。

图 11-1 包装设计示例

2. 包装设计的材质

纸是运用最为广泛的包装材料，纸的造型也千变万化，可以塑造各种形态来保护产品。以最普通的方形纸盒底部的结构来说，锁扣式和自动式是我们最为常见的，锁扣式的优点在于结构简单，但只能装载轻小的产品，而自动式盒底利用纸张穿插重叠后产生的张力将盒底锁紧，这种盒型能承受较大的重力，多用于大型包装，但制作过程相对复杂。

3. 包装设计的色彩运用

包装设计中的色彩是影响视觉最活跃的因素，因此包装设计的色彩运用很重要。

（1）确定总色调

包装设计色彩的总体感觉是华丽还是质朴，取决于包装色彩的总色调。总色调直接依据色相、明度和纯度等色彩基本属性来具体体现，示例如图11-2所示。

图 11-2　总色调示例

（2）强调色

强调色是结合面积因素和视觉认知度选用的颜色。一般要求明度上高于周围的色彩，但在面积上则要小于周围的色彩，否则起不到强调的作用，示例如图11-3所示。

（3）间隔色

间隔色是指相邻且强烈对比的不同色彩中间用另一种色彩加以间隔，从而加强协调，间隔色自身以偏中性的黑、白、灰、金、银色为主。如采用彩色间隔，则要求间隔色与被分离的颜色在色相、明度和纯度上有较大差别，示例如图11-4所示。

（4）象征色

不直接模仿内容物色彩特征，而且根据广大消费者的共同认识加以象征应用的一种观念性的用色，主要用于产品的某种精神属性的表现或一定牌号意念的表现。如中华香烟的包装就选用了象征中华民族的色彩——红色，如图11-5所示。

图 11-3　强调色示例

图 11-4　间隔色示例图

11-5　象征色示例

11.2 CD包装设计

1. 创意说明

本实例中首先制作质感背景，融合人物图像以及手绘图案，配合CD模板制作CD包装。其中，使用滤镜和画笔工具打造迷幻的背景。创建的CD包装效果图如图11-6所示。

图11-6　CD包装效果图

2. 简要步骤

（1）执行"文件"→"新建"命令，在"新建"对话框中设置各项参数，如图11-7所示，单击"确定"按钮，新建图像文件。

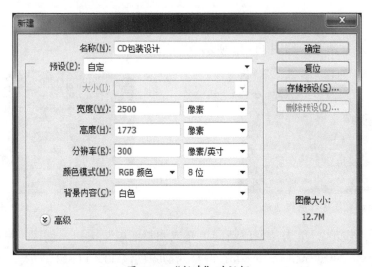

图11-7　"新建"对话框

（2）填充"背景"图层为蓝色（R27、G27、B85），如图11-8所示。新建"图层1"填充为灰蓝色（R20、G20、B30），结合蒙版涂抹中部。新建"图层2"，设置前景色为紫色（R199、G134、B203），使用画笔工具涂抹，再使用涂抹工具进行涂抹变形，如图11-9所示。

图 11-8 蓝色背景

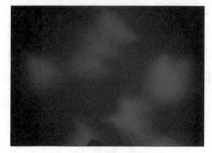

图 11-9 设置前景色

（3）设置混合模式为"颜色减淡"，"不透明度"为80%。设置前景色为蓝色（R33、G204、B228），新建"图层3"，同样在画面中涂抹颜色，更改图层混合模式为"强光"，如图 11-10 所示。

（4）新建"图层4"，使用画笔工具在四周单击绘制星光效果。新建"图层5"，执行"滤镜"→"渲染"→"云彩"命令，添加云彩效果，更改图层混合模式为"颜色减淡"，结合"图层"蒙版对云彩进行涂抹，使其与自然背景自然融合，如图 11-11 所示。

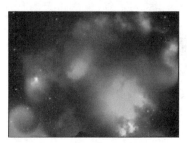

图 11-10 强光模式

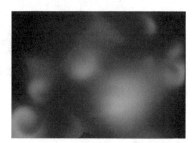

图 11-11 添加云彩效果

（5）新建图层，绘制弧线，在蒙版中涂抹弧线边缘，使其呈现渐隐效果，如图 11-12 所示。

（6）打开"女性.jpg"文件，将其拖曳到当前文件中，生成"图层7"，结合图层蒙版对背景的白色进行涂抹清除，如图 11-13 所示。

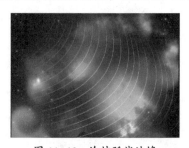

图 11-12 涂抹弧线边缘

图 11-13 女性素材导入

（7）建立人物选区，单击"创建新的填充或调整图层"按钮。创建"黑白"调整图层，设置参数（40、60、40、60、169、80），调整人物颜色，如图 11-14 所示。

（8）按住 Ctrl 键的同时单击"图层7"的图层蒙版，建立人物选区。创建"色相/饱和度"调整图层（-36、-56、0），调整人物肤色。继续建立人物选区，创建"色阶"调整图层（31、1.00、221），设置参数，调整人物肤色的对比度，效果如图 11-15 所示。

图 11-14 人物颜色调整

图 11-15 局部效果图（1）

（9）新建"图层8"，设置前景色为黑色，使用画笔工具沿着人物眉毛进行绘制，如图 11-16 所示。

（10）新建"图层9"，使用画笔工具沿着人物眼线进行描绘，如图 11-17 所示。

图 11-16 人物眉毛处理

图 11-17 眼线处理

（11）继续新建图层，使用画笔工具绘制人物睫毛。新建图层，绘制人物的下眼线，如图 11-18 所示。

（12）新建图层，使用钢笔工具在人物眼睛下方绘制路径，执行"描边路径"命令并在打开的对话框中勾选"模拟压力"复选框，对路径描边，重复此操作绘制多条细线效果。新建图层，使用画笔工具在人物手指处涂抹，描绘裂痕效果，如图 11-19 所示。

图 11-18 绘制人物睫毛和下眼线

图11-19 局部效果图（2）

（13）新建图层，使用钢笔工具在人物手臂上勾画出线条的闭合路径，转换路径为选区后为其填充黑色。重复此操作在手臂上绘制线条效果，如图 11-20 所示。

（14）新建图层，使用钢笔工具在人物眼角处绘制图形，结合"描边路径"命令对其形状进行描边，并在人物肩膀处绘制形状，转换为选区后为其填充白色。打开"飞机 1.png"文件，并拖曳到当前文件夹中，将其缩小放置在人物头部上方，如图 11-21 所示。

图11-20 局部效果图（3）

图11-21 局部效果图（4）

（15）打开"飞机2.png"文件，并拖曳到当前件夹中，将其缩小放置在人物左前下方，如图11-22所示。

（16）打开"臂章.png"文件，并拖曳到当前文件中，缩小放置在人物手臂上。打开"翅膀.png"，并拖到当前图像文件中，放置在人物肩膀处，结合蒙版对翅膀边缘涂抹，使其与人物融合得更自然，如图11-23所示。

图11-22 局部效果图（5）

图11-23 局部效果图（6）

（17）打开"墨点.png"文件，并拖曳到当前文件中，添加墨点效果。新建图层，使用椭圆选框工具对其进行描边，在画面四周制作大小不一的光点图像，更改"不透明度"为10%，如图11-24所示。

（18）新建图层，设置前景为黄色（R249、G247、B58），使用柔角画笔在眼部涂抹，更改混合模式为"线性加深"。打开"光线.png"文件，并拖曳到当前文件中，对其进行缩小旋转等操作，放置在眼部上方，更改混合模式为"线性减淡（添加）"，"不透明度"为80%。结合蒙版涂抹背景多余的图像，如图11-25所示。

图11-24 加入墨点

图11-25 局部效果图（7）

（19）盖印可见图层，生成"图层24"，复制该图层生成"图层24副本"。新建图层，为其填充灰色（R220、G220、B220），新建图层绘制曲线。继续新建图层，使用选框工具，在下方建立选区，填充为黑色，如图11-26所示。

（20）打开"CD盒.png"文件，拖曳到当前件夹中，放置在画面左侧。将"图层24"放置在该图层上方，按下快捷键Ctrl+T，再按住Shift键同时拖动图像，进行等比例缩小操作，将人物图像放置在CD盒上方，如图11-27所示。

图 11-26　图层设置

图11-27　局部效果图（8）

（21）为"图层 24"添加"图层"蒙版，对超出 CD 盒的部分进行涂抹。打开"CD 盘 .png"文件，将其拖曳到当前图像文件中，放置在画面右侧，如图 11-28 所示。

（22）选择"图层 24 副本"，将其放置在 CD 盘所在图层上方，将其等比例进行缩小，如图 11-29 所示。

图 11-28　局部效果图（9）

图 11-29　局部效果图（10）

（23）为"图层 24 副本"添加"图层"蒙版，对超出盘面的部分进行涂抹，盘面中间的圆孔部分涂抹黑色，圆孔周边涂抹灰色，使其保留部分人物图像。单击横排工具，在黑色矩形上方单击输入文字，丰富画面效果。最终效果图如图 11-6 所示。

11.3　MP3包装盒设计

1. 创意说明

本例主要讲解 MP3 的制作过程，主要使用"钢笔工具"、"画笔工具"、"渐变填充工具"来制作一个色彩清新亮丽、图片清晰的电子产品包装，效果如图 11-30 所示。

图11-30　MP3包装盒设计

2.简要步骤

（1）新建宽×高为1200像素×900像素，颜色模式为RGB，分辨率为"72像素/英寸"，背景为白色的文档。

（2）设置前景色为R:247、G:138、B:156，设置渐变工具为径向渐变及前景色到背景色，在图像窗口中从中间向外拖曳，效果如图11-31所示。

（3）创建新组"外框"，并为其添加"侧面"图层，"图层"面板如图11-32所示。

图11-31 背景

图11-32 "图层"面板

（4）使用"钢笔工具"并选择"路径"选项，绘制盒子侧面，并载入选区。效果如图11-33所示。

（5）设置前景色为R:28、G:119、B:4，设置背景色为R:127、G:233、B:79，使用渐变工具为选区填充颜色。选择"编辑"→"描边"命令，设置宽度为3，取消选区。效果如图11-34所示。

图11-33 盒子侧面

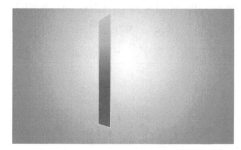

图11-34 描边

（6）在"外框"组内创建一图层"正面"，按照绘制侧面的方法为其添加颜色并描边。效果如图11-35所示。

（7）在"外框"组内创建一图层"正面底部"，复制绘制正面图层时所产生的路径，并进行自由变换，并转换为选区。效果如图11-36所示。

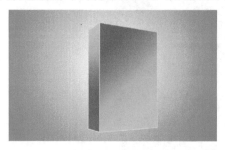

图11-35 正面

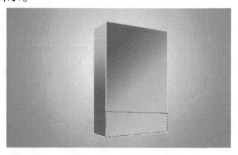

图11-36 正面底部

（8）用白色填充选区，调整图层顺序，设置该图层不透明度为80%，取消选区。效果如图11-37所示。

（9）在"外框"组内创建一图层"侧面底部"，同理制作侧面底部的白色区域，并调整定界框并确认。转换选区，用白色填充，设置该图层不透明度为90%，取消选区。效果如图11-38所示。

图 11-37 局部效果图（1）

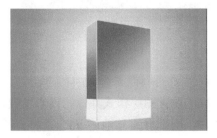
图 11-38 局部效果图（2）

（10）创建新组"图案"，打开素材"卡通人物"并拖曳到图像窗口中，再将该图层拖动至"图案"组中。调整人物大小并等比例缩小图像，再将其移至合适的位置。效果如图11-39所示。

（11）使用"多边形套索工具"在图层1中绘制选区，反选并删除。效果如图11-40所示。

图 11-39 加入卡通人物

图 11-40 局部效果图（3）

（12）将人物载入选区，设置图层样式并修改投影参数，再取消选区，如图11-41所示。

（13）打开素材"光线"并拖曳到图像窗口中，如图11-42所示；调整色相，打开"色相/饱和度"对话框，参数设置如图11-43所示。

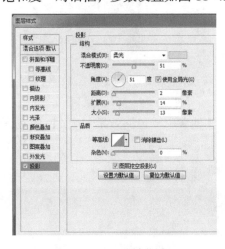
图 11-41 图层样式设置

图 11-42 光线素材

图 11-43 "色相/饱和度"参数设置

（14）复制该层，并调整位置及大小，将光线图层及其副本图层合并。效果如图11-44所示。

（15）打开素材"MP3"并拖曳到图像窗口中，调整大小及位置并水平翻转。效果如图 11-45 所示。

图 11-44　局部效果图（3）

图 11-45　加入MP3

（16）设置图层样式并修改投影参数，如图 11-46 所示。

（17）同理导入其他的 MP3 素材，并制作不同的效果，最后将其链接，效果如图 11-47 所示。

图 11-46　图层样式设置（2）

图 11-47　局部效果图（4）

（18）打开素材"高楼"，全选，选择"编辑"→"拷贝"命令；再选择"外框"组内的"正面"图层，并载入选区；然后选择"编辑"→"选择性粘贴"→"贴入"命令，并设置图层样式为"正片叠底"，不透明度为 80%。效果如图 11-48 所示。

（19）输入文本并设置图层样式，效果如图 11-49 所示。

图 11-48　局部效果图（5）

图 11-49　局部效果图（6）

（20）同理制作外框侧面效果，然后为背景添加其他素材。最终效果如图 11-50 所示。

图 11-50　最终效果图

【本章小结】

本章主要介绍了包装设计的作用、包装设计的材质、包装设计色彩运用原则以及设计流程（见图 11-51），具体分析了 CD 包装和 MP3 包装盒设计方法。

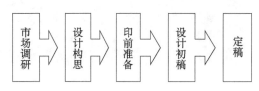

图11-51　包装设计流程

通过本章学习，应掌握包装设计基本要素，能从艺术设计的角度出发，根据商品的特点，销售方式，结合市场学、消费心理学，以及包装材料和生产方式，独立进行包装结构和容器造型、包装装潢的统一设计，并掌握系列化、礼品化商品的包装设计创意方法和表现技法。

【课后练习】

"金牡丹"陶艺台灯是一款照明兼装饰两用的陶瓷台灯，其风格古朴典雅，适合古典家居装饰，产品主要销往欧美各国。请为"金牡丹"陶艺台灯设计一款大方的包装。

要求：

1）从消费者角度考虑，包装必须结合中西文化，风格简洁、大方，视觉语言直接明确，能够体现商品的产地和历史。

2）根据商品的特点进行定位，体现陶艺台灯古朴高贵的气质和中国传统陶瓷工艺的文化精粹；整体版面简洁大气，视觉强烈直接。

3）印刷方面可采用纸类印刷，由于陶瓷台灯重量较重，且容易破损，所以选用纸张不宜过薄，采用哑光表现。

第12章　网页设计

本章学习要点：
- 合理搭配网页色彩
- 掌握常见导航的制作
- 掌握常见网页结构的布局划分
- 掌握网页切片技术

12.1　网页设计概述

网站是企业向用户和网民提供信息、产品、服务的一种方式，是企业开展电子商务的基础设施和信息平台。当然网站也可以是一种通信工具，就像布告栏一样，人们可以通过网站来发布自己想要公开的信息，或者用网站来提供相关的网络服务。随着图像、声音、动画、视频、3D 等技术在网络上的流行，网页设计也成为平面设计中至关重要的一个方面。

12.1.1　网页设计版面的分布

网页设计版面分布其实就是文字、图形以及色彩在版面中的编排。网页设计中版面分布主要表现为标题、导航、正文的分布情况。版面分布主要是指版面中各个元素的编排以及构成，在版面中形成不同的信息块，影响着整个版面的视觉传达效果。版面分布均匀，可使版面层次清晰、疏密有致、空间感强烈；版面分布不均，会使版面编排散乱，整个版面没有视觉重心，不能很好地进行视觉信息传达，版面分布主要包含以下 3 个方面。

1. 标题
标题是整个网页设计版面的内容归纳，标题一般分布在网页的上半部分，一般采用较大的文字进行编排，在色彩搭配上具有强烈的视觉效果。

2. 导航
导航主要分布在网页版面的上下位置或是左右两侧，主要起到引导读者阅读的作用。导航主要表现版面中主要信息，通过对导航的阅读，能清楚地了解整个网页的大体内容。因此在编辑导航时，应注重语言与信息的简明、准确。

3. 正文

网页设计中正文一般分布在网页的中间，常采用分栏的形式将图片与文字有秩序地编排在版面中。注意正文文字编排的整体性，电脑版面与印刷版面不一样，在编写正文文字的大小时应特别注意，一般情况下，网页中的文字要比印刷品文字更大，以避免阅读疲劳。

12.1.2 网页设计的特点

传统的网页设计是以静态形式进行信息传递的，随着科技的进步，为网页设计开发了多种设计软件，使网页设计突破了静态的局限。在网页设计中应注意文字的编排运用。由于网页属于屏幕显示的信息，电脑屏幕的抖动对视觉的影响很大，因此网页中的文字不能太小或者太细，适当地增大行距，大段文字可以采用浅色的背景，以缓解屏幕与文字的反差。

1. 网页设计版面编排

从版面设计的角度来看，网页设计在平面编排中与其他平面设计版面是一样的，只不过网页的设计与制作需要相关的设计软件与专业技术的支持。

在网页设计编排时应注意文字与图像的编排，主要分为开始界面与正文两种情况。

（1）开始界面应具有较强的吸引力，这个界面相当于杂志封面，要能吸引读者注意，一般采用较大图像进行编排。文字信息则主要表达该网页的主题，整个版面要简洁大方，吸引读者进一步阅读。

（2）在网页正文版面中，图片与文字是互相搭配来传达版面信息的，通常将一些重要的文字与图像信息显示在版面上，其他介绍性文字与图像采用按钮的形式隐藏在版面中，通过单击按钮可进一步阅读。

2. 网页设计的动态美

在网页设计中，通过特定的软件可为图像添加超链接，使图像动起来，使版面容纳更多的信息。

3. 页面的空间感

很多页面都存在着这样一个问题，版面太满，没有层次。其主要原因就是在编排时把所有信息都往版面上堆，造成版面拥挤，没有条理。因此在设计版面时，应注意版面的主次关系，形式上要丰富，组织上要有秩序而不混乱。

4. 页面的个性化

随着网络时代的到来，网页的版面形式也越来越多，千篇一律的网页版面没有特色。将文字与图片完整地编排在版面上只是达到了技术的运用，没有设计的效果。因此在网页的版式设计中，应结合美学知识发挥网页的优势进行版面编排。在编排信息的同时注重版面的美感，使网页在众多类网页中脱颖而出。

5. 页面的统一

版面颜色不需要太丰富，将五颜六色的图片编排在版面中，反而会使版面显得杂乱无序，从而失去版面重心。在编排网页的版式时，要注意色系的运用，合理地运用版面色系，使版面在视觉上达到和谐统一的效果，让浏览者体验到视线清晰、阅读轻松的感觉，这样能更好地完成信息的传达。网页的色彩包含网页的底色、文字颜色、图片的色系等，配合每项内容及网站主题合理搭配颜色。

12.1.3　切片技术

为了使网页浏览流畅，在网页制作中往往不会直接使用整张大尺寸的图像。通常情况下都会将整张图片"分割"为多个部分，这就需要用到"切片技术"，就是将一张图切割成若干小块，分别加以保存。

Photoshop 中有两种切片形式，分别是用户切片和基于参考线的切片。前者由切片工具创建，后者通过"参考线"创建。用户切片或基于参考线的切处以实线表示，而自动切片则以虚线表示。创建新切片时，会生成附加的自动切片来占据图像区域。每一次添加或编辑切片时，都会重新生成自动切片。

1. 切片工具

切片工具及其选项栏如图 12-1 所示。

图12-1　切片工具及其选项栏

各选项含义说明如下。

正常：通过鼠标拖曳来确定切片大小。

- 固定长宽比：可设置长宽比。
- 固定大小：可设置固定大小。
- 基于参考线的切片：创建参考线后，单击该按钮可以从参考线创建切片。

2. 创建切片

可以采用如下 3 种方法来创建切片：利用切片工具创建切片、基于参考线创建切片、基于图层创建切片。

3. 切片的常见操作

（1）选择切片、移动切片：可以单击选中，也可以直接移动。

（2）删除切片：选择切片后使用 Delete 键删除，或右击，在弹出的快捷菜单中选择"删除切片"命令。

（3）设置切片选项：右击，在弹出的快捷菜单中选择"编辑切片选项"，打开如图 12-2 所示对话框，下面简要介绍相关选项。

图12-2 "切片选项"对话框

- 切片类型：有图像、无图像或表三种类型供选择。
- 名称；用于输入切片名称。
- 目标：用于设置目标框架的名称。
- 信息文本：用于设置哪些信息出现在浏览器中。
- Alt 标记：用于设置选定切片的 Alt 标记。Alt 文本在图像下载过程中取代图像，并在某些浏览器中作为工具提示出现。
- 尺寸：XY 用于设置切片的位置。WH 用于设置切片的大小。
- 切片背景类型：选择一背景色来填充透明区域。

（4）组合切片

选择"裁剪"工具组中的"切片选择工具" ，按住 Shift 键，依次单击要组合的切片，右击，在弹出的快捷菜单中选择"组合切片"命令即可。

（5）导出切片

选择"文件"→"存储为 Web 所用格式"命令，打开"存储为 Web 所用格式"对话框（见图 12-3），设置选项后单击"存储"按钮，打开"将优化结果存储为"对话框，（见图 12-4）进行存储选项设置后单击"确定"按钮即可。

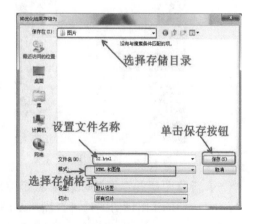

图12-3 "存储为Web所用格式"对话框　　　　图12-4 "将优化结果存储为"对话框

12.2 旅游公司网页设计

1. 创意说明

本实例主要以牛皮纸材料来体现网页画面的怀旧感。结合绿色藤条的搭配，画面具有大自然的原始气息，并富有强烈的视觉效果。效果如图 12-5 所示。

图 12-5　旅游公司旅游设计实例

2. 简要步骤

（1）新建一个宽 12.41 厘米、高 11.24 厘米，分辨率 300，透明的文档。

（2）将文件"背景 .jpg"打开，拉入到文档中作为背景。

（3）打开"花纹 .gif"文件，将图像移到当前图像文件中并将新图层重命名为"花纹"，调整图像的位置，设置图层的混合模式为"叠加"，"不透明度"为 29%；复制一个"花纹"图层，调整图像的位置与大小，设置图层"不透明度"为 33%，效果如图 12-6 所示。

（4）打开"杂质 .png"文件，将图像移到当前图像文件中，将新图层重命名为"杂质"，调整图像的位置，设置图层混合模式为"正片叠底"，图层的"不透明度"为 20%，效果如图 12-7 所示。

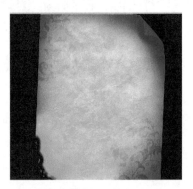
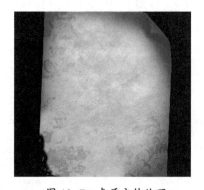

图 12-6　设置"花纹"图层　　　　　　　图 12-7　杂质文件处理

（5）新建图层并命名为"藤条"，用钢笔工具在图像上绘制路径，设置前景色为 RGB（75，125，0），并用描边工具进行描边（勾选"模拟压力"），双击"藤条"图层，打开"图层样式"对话框，勾选"斜面和浮雕"复选框，设置相关参数值，效果如图 12-8 所示。

（6）打开素材"树叶 .png"，并拖到文档内，移到合适位置。

（7）再做一些藤条和树叶的复本放入图像中，效果如图 12-9 所示。

（8）打开"网页名称 .png"文件，将其移到当前图像文件中的合适位置。

（9）打开"线条 .png"文件，将其移到当前图像文件中的合适位置，设置图层混合模式为"颜色加深"，效果如图 12-10 所示。

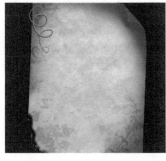

图12-8 "斜面和浮雕"样式设置　　　　图12-9 藤条和树叶　　　　图 12-10 线条设置

（10）单击横排文字工具，输入文字"preview，restaurant，service，event，shopping"，填充文字颜色为黑色，效果如图 12-11 所示。

（11）单击横排文字工具，输入文字"Tobacco companies [2009-05-28] had countered the reports--"和"Mother's father worked as a carpenter. On this particular day,"等文字，填充文字颜色为黑色，效果如图 12-12 所示。

图 12-11 文字效果（1）　　　　图12-12 文字效果（2）

（12）打开"图标 .psd"文件并放入图中合适位置，效果如图 12-13 所示。

（13）打开"动物 .psd"文件并放入图中合适位置，效果如图 12-14 所示。

图 12-13 加入图标　　　　图 12-14 加入动物

（14）打开"标志 .psd"文件并放入图中合适位置。打开"风景 1.jpg"文件并放入图像中的合适位置，并进行变行处理。双击"风景"图层，打开"图层样式"对话框。分别对图像进行"投影"与"描边"设置，参数设置如图 12-15、图 12-16 所示，效果如图 12-17 所示。

图 12-15　投影样式设置　　　　　　图 12-16　描边样式设置

图 12-17　局部效果图（1）

（15）新建一个图层命名为"风景照片阴影"，单击多边形套索工具，在图像上创建选区，填充选区颜色从 RGB(92，92，92) 到透明色的线性渐变，最终效果如图 12-18 所示。

图 12-18　局部效果图（2）

（16）打开"风景 2.jpg"和"蝴蝶 .psd"文件并放入文档合适位置，然后复制，双击"蝴蝶 1"图层，打开"图层样式"对话框。勾选"投影"和"描边"，参数设置如图图 12-19、图 12-20 所示，用同样的方法对复制的"蝴蝶 2"和"蝴蝶 3"进行处理，效果如图 12-21 所示。

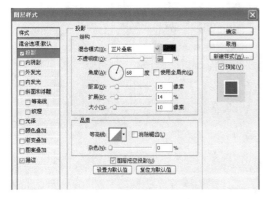 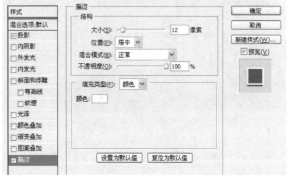

图 12-19　投影样式设置　　　　图 12-20　描边样式设置

图 12-21　局部效果（3）

（17）选择"切片工具"，再单击"基于参考线切片"，效果如图 12-22 所示。

（18）选择"切片选择"工具，再选择切片 1，按住 Shift 键再选择切片 2，右击，在弹出的快捷菜单中选择"组合切片"。用同样的方法将切片 3 和切片 4 组合，效果如图 12-23 所示。

图 12-22　局部效果（4）　　　　图 12-23　组合切片

（19）单击■按钮，打开"切片选项"对话框，设置切片选项如图 12-24 所示。

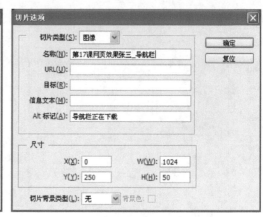

（a）切片1

（b）切片2

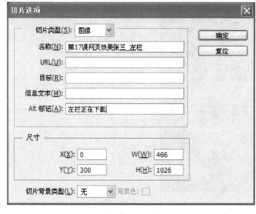

（c）切片3

（d）切片4

图12-24　切片选项设置

（20）保存文件。导出文件，选择"文件"→"存储为 Web 所用格式"，打开如图 12-25 所示对话框。单击"存储"按钮，打开如图 12-26 所示"将优化结果存储为"对话框。设置存储路径等相应选项，设置完后单击"确定"按扭。在文件存储的目录下的目录结构（见图12-27）中，将存在一个 images 文件夹存放切片，同时存在一个网页文件。images 文件目录结构如图 12-28 所示，存放了所有切片。

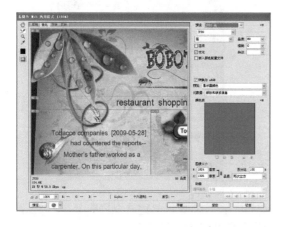

图12-25　"存储为Web所用格式"对话框　　　　图12-26　"将优化结果存储为"对话框

图 12-27　存储目录结构

图 12-28　images文件夹

12.3　个人网站首页设计

1. 创意说明

本实例将为个人网站设计一个简约风格的首页效果图，用色主要以灰绿色为主，采用文字 LOGO，突出设计感，效果如图 12-29 所示。

图12-29　设计效果图

2. 简要步骤

（1）新建一个宽度为 1000px，高度为 950px，色彩模式为 RGB，分辨率为 72dpi 的文档，参数如图 12-30 所示。在默认背景层上双击，然后按 Enter 键，在打开的"新建图层"对话框中，解锁背景层。

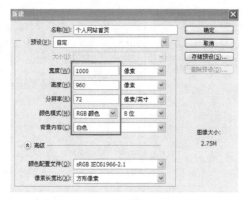

图12-30   参数设置

（2）在水平的150px、450px、900px处绘制三条参考线，在垂直的250px处绘制一条参考线。将前景色设置为#EBEBEB，按快捷键Alt+Delete填充前颜色，然后执行"滤镜"→"杂色"→"添加杂色"，设定参数为2%，效果如图12-31所示。

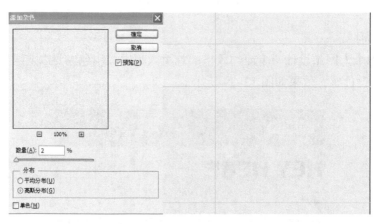

图12-31   绘制参考线并填充

（3）自定义三个图案样式，新建透明文档，绘制图案，然后执行"编辑"→"定义图案"命令，保存图案。

- 图案1：新建一个38px×38px大小的文档，使用铅笔工具创建一个对角线图案，确保背景层是透明的，如图12-32所示。
- 图案2：创建一个3px×3px大小的文档，使用矩形选框工具创建三个黑色方块，如图12-33所示。
- 图案3：创建一个20px×130px大小的文档，用圆角矩形工具绘制如图12-34所示图案。

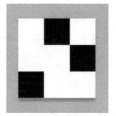

图12-32   创建对角线图案　　　　图12-33   创建黑色方块　　　　图12-34   绘制圆角矩形

（4）创建标题栏，新建一个图层命名为"title"，矩形选框工具创建一个高度为130px，宽度为950px的选区，执行"编辑"→"填充"，自定义图案选择刚刚定义的图案三，效果如图12-35所示。

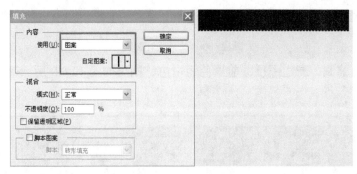

图12-35　创建标题栏

（5）双击"title"图层添加图层样式，渐变叠加，参数如图12-36所示，效果如图12-37示。

图12-36　图层样式参数设置

图12-37　效果图

（6）右击"title"图层在弹出的快捷菜单中选择"栅格化图层样式"，用添加杂色滤镜设置添加杂色效果，参数为2%。按住Ctrl键单击该图层，创建选区。新建图层，执行"编辑"→"填充"，"自定图案"选择此前定义的图案二，如图12-38所示，效果如图12-39所示。

图12-38　"填充"对话框

图12-39 效果图（2）

（7）载入划痕笔刷，新建图层，前景色为白色，刷出如图 12-40 所示效果，将不透明度降低为 80%。

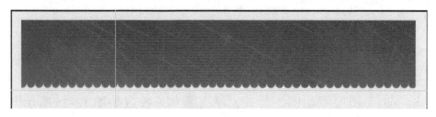

图12-40 添加划痕效果

（8）添加网站 LOGO。在 title 左边新建文字图层，添加 LOGO 文字 "calaka"，字体为 "Hobo Std"，双击图层，打开"图层样式"对话框，添加一个阴影效果，参数默认，最后效果如图 12-41 所示。

（9）复制文字图层，并将复制的文字图层放在原文字下面，向右下方移动（右 3px、下 3px），栅格化复制出的文字层，按住 Ctrl 键单击复制的文字图层，填充刚刚定义的图案二，效果如图 12-42 所示。

图12-41 设置阴影效果　　　　　　　　　　图12-42 效果图（3）

（10）创建导航栏。添加 4 个导航文字，每个导航为一个图层，用圆角矩形工具为主页栏添加一个背景层如图 12-43 所示。双击该图层，打开"图层样式"对话框，为图层设置描边、内发光、渐变叠加、投影等样式，参数如图 12-44 所示，效果如图 12-45 所示。

图12-43 添加背景层

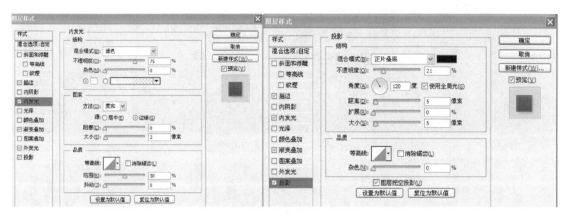

图12-44 参数设置

图12-45 效果图（4）

（11）将该图层的模式改为叠加，不透明度62%，效果如图12-46所示。

图12-46 效果图（5）

（12）添加介绍性文字，效果如图12-47所示。

图12-47 添加介绍性文字

（13）创建如图12-48所示参考线，新建图层绘制一个矩形，填充白色，描边1px黑色（图层样式），在新建一个图层用黑色画笔画出投影，将投影层放在下面，效果如图12-49所示。

图12-48　创建参考线

图12-49　效果图（5）

（14）导入照片，并修改照片的大小，放在方框图层之上，效果如图 12-50 所示。

图12-50　导入照片效果

（15）基于参考线切片，再合并相关切片，如图 12-51 所示。设置切片属性，导出 Web
格式。

图12-51 基于参考线切片

【本章小结】

本章主要介绍了网页设计版面布局、网页设计的特点、网页切片技术和网页效果设计流程（见图12-52）。通过本章的学习，应掌握骨骼型页面效果图的设计要点，了解页面的设计要点，能够利用PS进行网站页面效果图的设计与制作。

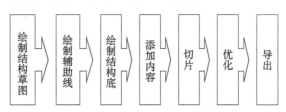

图12-52 网页效果设计流程

【课后练习】

森海社区成立于2004年2月11日，社区居民10000多人，主要进行居民的日常服务、健康服务、社区活动、居民就业等问题的处理，请为该社区网站设计网站首页效果图。

要求：

1）网站类型：公益类网站。

2）色彩要求：以灰色为基调，蓝色为主色调。

3）功能类型：以用户为中心，设置服务。

4）社区LOGO：简洁大方，图文型LOGO。

5）banner：社区活动宣传为主。

6）风格目标：具有较强的实用性。

《PHOTOSHOP CC图文设计案例教程》
读者调查表

尊敬的读者：

欢迎您参加读者调查活动，对我们的图书提出真诚的意见，您的建议将是我们创造精品的动力源泉。为方便大家，我们提供了两种填写调查表的方式：

1. 您可以登录 http://yydz.phei.com.cn，进入"客户留言"栏目，将您对本书的意见和建议反馈给我们。

2. 您可以填写下表后寄给我们（北京市海淀区万寿路 173 信箱高职分社 邮编：100036）。

姓名：_____ 性别：□ 男 □ 女 年龄：_____职业：_____

电话（寻呼）：_____ E-mail：_____

传真：_____ 通信地址：_____

邮编：_____

1. 影响您购买本书的因素（可多选）：

□封面封底 □价格 □内容简介、前言和目录 □书评广告

□出版物名声 □作者名声 □正文内容 □其他_____

2. 您对本书的满意度：

从技术角度 □很满意 □比较满意 □一般 □较不满意 □不满意

从文字角度 □很满意 □比较满意 □一般 □较不满意 □不满意

从排版、封面设计角度 □很满意 □比较满意 □一般 □较不满意

□不满意

3. 您最喜欢书中的哪篇（或章、节）？请说明理由。

_____

_____

4. 您最不喜欢书中的哪篇（或章、节）？请说明理由。

_____

5. 您希望本书在哪些方面进行改进？

_____

_____

6. 您感兴趣或希望增加的图书选题有：

_____

_____

邮寄地址：北京市海淀区万寿路 173 信箱 贺志洪 收 邮编：100036

编辑电话：（010）88254609 E-mail：hzh@phei.com.cn